第一推动丛书:综合系列
The Polytechnique Series

真理与美
Truth and Beauty

[美] S.钱德拉塞卡 著　杨建邺 王晓明 译
S.Chandrasekhar

THE
FIRST
MOVER

湖南科学技术出版社

THE
FIRST
MOVER

总序

《第一推动丛书》编委会

　　科学，特别是自然科学，最重要的目标之一，就是追寻科学本身的原动力，或曰追寻其第一推动。同时，科学的这种追求精神本身，又成为社会发展和人类进步的一种最基本的推动。

　　科学总是寻求发现和了解客观世界的新现象，研究和掌握新规律，总是在不懈地追求真理。科学是认真的、严谨的、实事求是的，同时，科学又是创造的。科学的最基本态度之一就是疑问，科学的最基本精神之一就是批判。

　　的确，科学活动，特别是自然科学活动，比起其他的人类活动来，其最基本特征就是不断进步。哪怕在其他方面倒退的时候，科学却总是进步着，即使是缓慢而艰难的进步。这表明，自然科学活动中包含着人类的最进步因素。

　　正是在这个意义上，科学堪称为人类进步的"第一推动"。

　　科学教育，特别是自然科学的教育，是提高人们素质的重要因素，是现代教育的一个核心。科学教育不仅使人获得生活和工作所需的知识和技能，更重要的是使人获得科学思想、科学精神、科学态度以及科学方法的熏陶和培养，使人获得非生物本能的智慧，获得非与生俱来的灵魂。可以这样说，没有科学的"教育"，只是培养信仰，而不是教育。没有受过科学教育的人，只能称为受过训练，而非受过教育。

　　正是在这个意义上，科学堪称为使人进化为现代人的"第一推动"。

　　近百年来，无数仁人志士意识到，强国富民再造中国离不开科学技术，他们为摆脱愚昧与无知做了艰苦卓绝的奋斗。中国的科学先贤们代代相传，不遗余力地为中国的进步献身于科学启蒙运动，以图完成国人的强国梦。然而可以说，这个目标远未达到。今日的中国需要新的科学启蒙，需要现代科学教育。只有全社会的人具备较高的科学素质，以科学的精神和思想、科学的态度和方法作为探讨和解决各类问题的共同基础和出发点，社会才能更好地向前发展和进步。因此，中国的进步离不开科学，是毋庸置疑的。

　　正是在这个意义上，似乎可以说，科学已被公认是中国进步所必不可少的推动。

　　然而，这并不意味着，科学的精神也同样地被公认和接受。虽然，科学已渗透到社会的各个领域和层面，科学的价值和地位也更高了，但是，毋庸讳言，在一定的范围内或某些特定时候，人们只是承认"科学是有用的"，只停留在对科学所带来的结果的接受和承认，而不是对科学的原动力——科学的精神的接受和承认。此种现象的存在也是不能忽视的。

　　科学的精神之一，是它自身就是自身的"第一推动"。也就是说，科学活动在原则上不隶属于服务于神学，不隶属于服务于儒学，科学活动在原则上也不隶属于服务于任何哲学。科学是超越宗教差别的，超越民族差别的，超越党派差别的，超越文化和地域差别的，科学是普适的、独立的，它自身就是自身的主宰。

　　湖南科学技术出版社精选了一批关于科学思想和科学精神的世界名著，请有关学者译成中文出版，其目的就是为了传播科学精神和科学思想，特别是自然科学的精神和思想，从而起到倡导科学精神，推动科技发展，对全民进行新的科学启蒙和科学教育的作用，为中国的进步做一点推动。丛书定名为"第一推动"，当然并非说其中每一册都是第一推动，但是可以肯定，蕴含在每一册中的科学的内容、观点、思想和精神，都会使你或多或少地更接近第一推动，或多或少地发现自身如何成为自身的主宰。

再版序
一个坠落苹果的两面：
极端智慧与极致想象

龚曙光

2017年9月8日凌晨于抱朴庐

连我们自己也很惊讶，《第一推动丛书》已经出了25年。

或许，因为全神贯注于每一本书的编辑和出版细节，反倒忽视了这套丛书的出版历程，忽视了自己头上的黑发渐染霜雪，忽视了团队编辑的老退新替，忽视好些早年的读者，已经成长为多个领域的栋梁。

对于一套丛书的出版而言，25年的确是一段不短的历程；对于科学研究的进程而言，四分之一个世纪更是一部跨越式的历史。古人"洞中方七日，世上已千秋"的时间感，用来形容人类科学探求的速律，倒也恰当和准确。回头看看我们逐年出版的这些科普著作，许多当年的假设已经被证实，也有一些结论被证伪；许多当年的理论已经被孵化，也有一些发明被淘汰……

无论这些著作阐释的学科和学说，属于以上所说的哪种状况，都本质地呈现了科学探索的旨趣与真相：科学永远是一个求真的过程，所谓的真理，都只是这一过程中的阶段性成果。论证被想象讪笑，结论被假设挑衅，人类以其最优越的物种秉赋 —— 智慧，让锐利无比的理性之刃，和绚烂无比的想象之花相克相生，相否相成。在形形色色的生活中，似乎没有哪一个领域如同科学探索一样，既是一次次伟大的理性历险，又是一次次极致的感性审美。科学家们穷其毕生所奉献的，不仅仅是我们无法发现的科学结论，还是我们无法展开的绚丽想象。在我们难以感知的极小与极大世界中，没有他们记历这些伟大历险和极致审美的科普著作，我们不但永远无法洞悉我们赖以生存世界的各种奥秘，无法领略我们难以抵达世界的各种美丽，更无法认知人类在找到真理和遭遇美景时的心路历程。在这个意义上，科普是人类极端智慧和极致审美的结晶，是物种独有的精神文本，是人类任何其他创造 —— 神学、哲学、文学和艺术无法替代的文明载体。

在神学家给出"我是谁"的结论后，整个人类，不仅仅是科学家，包括庸常生活中的我们，都企图突破宗教教义的铁窗，自由探求世界的本质。于是，时间、物质和本源，成为了人类共同的终极探寻之地，成为了人类突破慵懒、挣脱琐碎、拒绝因袭的历险之旅。这一旅程中，引领着我们艰难而快乐前行的，是那一代又一代最伟大的科学家。他们是极端的智者和极致的幻想家，是真理的先知和审美的天使。

我曾有幸采访《时间简史》的作者史蒂芬·霍金，他痛苦地斜躺在轮椅上，用特制的语音器和我交谈。聆听着由他按击出的极其单调的金属般的音符，我确信，那个只留下萎缩的躯干和游丝一般生命气息的智者就是先知，就是上帝遣派给人类的孤独使者。倘若不是亲眼所见，你根本无法相信，那些深奥到极致而又浅白到极致，简练到极致而又美丽到极致的天书，竟是他蜷缩在轮椅上，用唯一能够动弹的手指，一个语音一个语音按击出来的。如果不是为了引导人类，你想象不出他人生此行还能有其他的目的。

无怪《时间简史》如此畅销！自出版始，每年都在中文图书的畅销榜上。其实何止《时间简史》，霍金的其他著作，《第一推动丛书》所遴选的其他作者著作，25年来都在热销。据此我们相信，这些著作不仅属于某一代人，甚至不仅属于20世纪。只要人类仍在为时间、物质乃至本源的命题所困扰，只要人类仍在为求真与审美的本能所驱动，丛书中的著作，便是永不过时的启蒙读本，永不熄灭的引领之光。

虽然著作中的某些假说会被否定，某些理论会被超越，但科学家们探求真理的精神，思考宇宙的智慧，感悟时空的审美，必将与日月同辉，成为人类进化中永不腐朽的历史界碑。

因而在25年这一时间节点上，我们合集再版这套丛书，便不只是为了纪念出版行为本身，更多的则是为了彰显这些著作的不朽，为了向新的时代和新的读者告白：21世纪不仅需要科学的功利，而且需要科学的审美。

当然，我们深知，并非所有的发现都为人类带来福祉，并非所有的创造都为世界带来安宁。在科学仍在为政治集团和经济集团所利用，甚至垄断的时代，初衷与结果悖反、无辜与有罪并存的科学公案屡见不鲜。对于科学可能带来的负能量，只能由了解科技的公民用群体的意愿抑制和抵消：选择推进人类进化的科学方向，选择造福人类生存的科学发现，是每个现代公民对自己，也是对物种应当肩负的一份责任、应该表达的一种诉求！在这一理解上，我们将科普阅读不仅视为一种个人爱好，而且视为一种公共使命！

牛顿站在苹果树下，在苹果坠落的那一刹那，他的顿悟一定不只包含了对于地心引力的推断，而且包含了对于苹果与地球、地球与行星、行星与未知宇宙奇妙关系的想象。我相信，那不仅仅是一次枯燥之极的理性推演，而且是一次瑰丽之极的感性审美……

如果说，求真与审美，是这套丛书难以评估的价值，那么，极端的智慧与极致的想象，则是这套丛书无法穷尽的魅力！

前言

S. 钱德拉塞卡
1986 年 12 月 8 日

　　本书收集的是我的7篇演讲，它们反映了我对于科学研究的动机和科学创造模式的一般观点。第一篇演讲是40年前做的（具体情况我在下面还要讲到），其余6篇是在1975年之后的10年中做的。正因为前后相隔几十年，所以它们显示了一个科学家态度的变化。（或成熟？）

　　这些演讲都做过精心的准备，在内容的细节以及措词上也做过认真的考虑。事实上，它们都是在一些重要的讲座上宣读的；收集在本书中时原稿未做改动，只删掉了一些开场白。

I

　　这些演讲大致上有两方面的内容。前4篇主要阐述美学和动机的问题。其余冠有米尔恩、爱丁顿和史瓦西讲座的3篇演讲，虽然其部分内容是介绍他们各自的经历，但也都间接地谈到了上述一般问题。特别是在卡尔·史瓦西讲座的演讲中，主要讨论的是广义相对论的美学基础，它是前面《美与科学对美的探求》讨论的继续。

II

从1946年做《科学家》的演讲到1976年做《莎士比亚、牛顿和贝多芬：不同的创造模式》的演讲，中间相隔30年。前面我已说过，这是由特殊环境形成的。科学家一般都认为，科学追求的动机或这种追求的美学基础，是不值得认真讨论的；而且对认真讨论这些问题的科学家，他们也往往持怀疑态度，甚至不屑一顾。我在1945年大致上也持有这种观点。但是，当时任芝加哥大学校长的哈钦斯（R. A. Hutchins）却给我写了一封信，邀请我在他组织的系列讲座中做有关《科学家》的演讲，他在信中解释道：

> 这次系列讲座的目的是激发大学生的批评能力，使他们了解什么是优秀的工作，引导他们尽力把各自的工作做好。希望每位演讲人谈谈他自己从事本行工作的体验，通过阐述其特性、总结其目的以及解释其技巧，来说明各自工作的价值。

开始，我不大愿意接受邀请，因为对这些问题我没有认真思考过。此外，哈钦斯邀请的其他演讲人的名单中还有赖特（F. L. Wright）、勋柏格（A. Schoenberg）、恰卡尔（M. Chagall）、冯·诺伊曼（John von Neumann）[1] 这些赫赫有名的大人物，使我心虚、怯场。想想看，谁看了这张名单不会吓一跳。但那时我还很年轻，无法

---

1. F.L. Wright（1869—1959），美国著名建筑家；A.Schoenberg（1874—1951），美籍奥地利作曲家，西方现代派音乐的主要代表人物之一；M.Chagall（1887—？），美籍俄罗斯画家，他的画《乡村和我》《窗外巴黎》等蜚声欧美；John von Neumann（1903—1957），美籍匈牙利数学家、物理学家。——译者注

抗拒一位大学校长的权威,我只好硬着头皮去思考那些我当时还很生疏的问题。

当我再次看40年前我的讲稿时,我感到有些话我今天不会说,或者说法有些不同。但我还是把它收进了这本书,因为把1946年的演讲与1985年的演讲《美与科学对美的探求》放在一起,也许有助于读者更好地判断一位科学家对问题的观点如何随时间变化。

III

从时间顺序上看,《科学家》演讲之后是1975年《莎士比亚、牛顿和贝多芬:不同的创造模式》的演讲。1974年,由于生病我不得不疗养了半年,这使我有了一次难得的机会,可以专心致志地思考一些我从未认真思考过的问题。半年的学习、思考和研究,不仅为我即将做的演讲提供了基础,而且使我对美的敏感性在科学素养中起的作用,产生了持续的兴趣。对广义相对论的数学方面研究得越深入,就越是加强了我的这一兴趣。(我应该补充一点,我所发现的新事实或新见解,在我看来并非我的"发现",而是早就在那儿,我只不过偶然把它们拾起来罢了。这看来有点奇怪,但这是真的。)

IV

1975年以来的所有演讲中,用来阐述我的观点的一些相同的"故事",在不同的背景和不同的地方出现,但有两条相互交错的线索把它们串联起来。一条线索是关于在科学中对美的追求,另一条线索是关于艺术和科学中不同创造模式的起源，这是我在1975年讲演中明确提出来的。这两种创造模式的明显差异，在我们讨论一位艺术家的工作和一位科学家的工作时，可以清楚地看出来。在评论一位艺术家时，我们常常把他们的工作区分为早期、中期和晚期；这种区分一般表示出作家成熟程度和认识深度的不同。但在评论一位科学家时，却往往不能这样。对科学家往往是根据他在思想领域或实践领域做出的一个或几个发现的重要意义来做出评价。一位科学家最"重要"的发现往往是他的第一个发现；相反，一位艺术家最深刻的创造多半是他最后做出的。这种明显的差异至今仍然令我感到迷惑不解。

最近，我突然悟出了一点道理，也许有助于认识这种明显的差异，我不妨简略地说一下。16世纪和17世纪科学家的目的与现代科学家有明显的不同。牛顿是最突出的例子。在大瘟疫时期他避居于家乡伍尔兹索普，这一期间他发现了万有引力定律和其他一些定律。大约20年之后，在哈雷的请求下他才重新写出开普勒第一定律的推导，但他没有就此打住，他甚至也不满意他随后做的演讲《论物体的运动》。不写完全部《原理》他是不会罢手的：他写这本书的速度和连贯性，在人类思想史上真是无与伦比。从现有的认识水平来看，牛顿的拼搏在一个方面给人们以启迪，那就是他并不急于宣布他的发现；他想完成的研究远不止这一个发现，他似乎要把他的发现放在整个科学领域之中，而且他认为科学是一个整体，是一个他有能力建成的整体。在牛顿所处的时代，这种科学观比较普遍，例如开普勒在给出行星运动定律后，他本可心满意足，但他却决定写一本《新天文学》。伽利略也是如此，他在做出他的一些伟大发现后并没有停步，他显然认为他必须写出《关于两种新科学的对话》。后来，拉普拉斯和拉格朗日继承了开普勒、伽利略和牛顿的这一传统。

当然啦，如果现在一个正常的人还去刻意模仿牛顿、伽利略和开普勒，别人一定会取笑他，认为他闲着没事干。但是，这些范例表明，以巨大的视野作为科学的目的在科学史上确实存在过，而现在科学的目的则没有往日那么宏大。现在的科学目的逐渐转向强调改变科学方向的发现上，这种改变也许是大势所趋，不可避免。与伏打、安培、奥斯特和法拉第名字相关联的一些发现，必然先于麦克斯韦的综合；它们各自需要不同类型的努力。无论如何，强调"发现"的倾向仍在继续，而对在科学发现中如何理解取得科学成就的主要因素，则进一步突出和强化了这种倾向。用一个简单的框架把某人的想象综合起来，即使在有限的范围里，也已经失去了价值。例如，我们不会向爱因斯坦提出这样一个问题：在发现他的引力定律20年后，他有没有设想（或感到能够）写一本像《原理》那样的书来阐述广义相对论。

假如16世纪和17世纪的伟大科学家对科学追求的目的在今日仍然通用，那么艺术家和科学家在创造模式上的差别，也许就不会出现了。这种看法正确吗？

我还想补充一点，在确定哪些演讲该收进这本集子中时，我与妻子拉莉莎（Lalitha）进行了深入的讨论。她的鉴别能力和毫不逊色的洞见，对本书最后定稿起了重要作用。我还应该感谢她对我不断的鼓励。

目录

第 1 章   <u>001</u>   科学家（1946）

第 2 章   <u>020</u>   科学的追求及其动机（1985）

第 3 章   <u>041</u>   诺拉和爱德华·赖森讲座

莎士比亚、牛顿和贝多芬：不同的创造

模式（1975）

第 4 章   <u>088</u>   美与科学对美的探求（1979）

第 5 章   <u>107</u>   米尔恩讲座

爱德华·阿瑟·米尔恩和他在现代天体

物理学发展中的地位（1979）

第 6 章   <u>129</u>   纪念A. S. 爱丁顿诞辰一百周年讲座

（1982）

第 7 章   <u>201</u>   K. 史瓦西讲座

广义相对论的美学基础（1986）

附 录   <u>228</u>

附 录   <u>235</u>   寻求秩序——钱德拉塞卡对黑洞、蓝天

和科学创造力的思考

译后记   <u>247</u>

第 1 章
科学家（1946）

　　首先我得承认，让我作为"思维的作用"这个系列讲座的一个撰讲人，我感到担忧。因为讨论科学家的创造力这样的问题，必然涉及广阔而又全面的知识，而我深深感到我在这方面不是行家，可能讲不好。尽管我对把我作为这个系列讲座中科学家的代表是否合适感到疑虑，但对选择天文学和天体物理学作为精密科学的代表，我却没有丝毫疑虑。因为在所有精密科学的学科中，天文学最具综合性。它需要综合各个不同时期的学术成就，以便在实践中逐步完善。另外，在所有科学中天文学占有独特地位，诺伊格鲍尔（O. Neugebauer）[1] 曾经说过：

　　　　自从罗马帝国衰亡以来，天文学是所有古代科学学科中唯一完整流传下来的分支。当然，在罗马帝国残存的地域内天文学研究的水平下降了，但天文学理论与实践的传统却从来没有丢失。相反，印度和阿拉伯的天文学者改进了希腊三角学的笨拙方法，新的观察结果不断地与托勒密的观察结果加以比较，等等。人们只有将这种情形与希腊

---

1. O. Neugebauer（1899 — 1990），研究古代、中世纪精密科学史的著名学者。——译者注

数学的较高分支的完全失落这一情形加以对比，才能认识到天文学是联系现代学科与古代学科的最直接环节。的确，只有不断地参考古代的方法和概念后，人们才能理解哥白尼、第谷·布拉赫和开普勒的著作，但是，我们要想理解希腊人有关无理数的理论和阿基米德的集合方法，那只有现代科学家在新发现它们后才可能。

这个系列讲座的发起人要求每个演讲者通过阐述其特性、总结其目的以及解释其技巧，来说明他所从事的艺术或职业的价值。在我开始讨论这些问题之前，我想提请大家注意并牢牢记住自然科学的总体分类，即自然科学分为基础科学和导出科学（derived science）两类。请大家注意，我没有在"理论科学"和"应用科学"之间做出什么区分。对于后者我不打算讨论，因为我不相信在刻意追求科学的应用中，会发现科学的真正价值。因此我将只讨论通常所说的"理论科学"，我想要大家注意的是，我的分类正是将理论科学分为基础科学和导出科学两部分。尽管无法对基础科学和导出科学给出准确或鲜明的定义，但这种分类确实存在着，并且通过我要枚举的例证，它将表现得越来越清楚。广义地说，我们可以认为基础科学试图分析物质的终极构成和基本的时空观；而导出科学所关心的是，利用这些基本概念将自然现象的各个侧面条理化。通过这样的叙述，有两点是很清楚的：第一，这种分类依赖于在某一特定时间内科学所处的状态；第二，在分析自然现象时，可能确实存在着不同的层次。例如，大量的现象能够从牛顿定律有效的领域中找到直接和自然的解释。然而，其他类型的一些问题就只能从量子理论中获得答案。既然存在如此不同的分析层次，那么肯定存在一些判据，利用这些判据，我们就能确定，在什么情况下哪些定律是适用的，哪些是不适用的。

　　至于讲到分类本身，我认为最好的例子莫过于卢瑟福（E. Rutherford）发现 α 粒子的大角散射。他做的这个实验非常简单。用某种放射性物质发射出来的高能 α 粒子轰击一层薄箔时，卢瑟福发现 α 粒子有时被完全弹了回来——这种完全弹回的粒子很少，但确确实实存在。在他晚年（1936年）回想这种现象时，他说："这是我一生中所遇到的最难以令人置信的事。"他还这样描述过他当时的反应："其难以置信的程度就像用一发15英寸的炮弹射击一张卫生纸，炮弹反弹回来并击中炮手。"他还写道：

> 　　经过仔细思考，我马上意识到这种反方向的散射肯定是出自某种单一的碰撞。经过计算我发现，除非重建一个原子模型。在新模型中原子的绝大部分质量都集中在某个很小的核上，否则不可能得到这种数量级的散射结果。正是从那时起，我认为原子有个很小但很重的带电质心。我发现，某一给定角度的散射粒子数与箔厚成正比，与核电量的平方成正比，与粒子速度的四次方成反比。这些推论后来被盖革（Geiger）和马斯顿（Marsden）用一系列漂亮的实验证实。

　　作为所有学科基础的原子核模型就这样产生了。一个唯一的观测和对此所做的正确解释，竟导致了科学思想的革命，这在科学史上也是无与伦比的。

　　我认为，查德威克（J. Chadwick）发现中子一事也属同一种情形。人们现在相信，中子和质子是所有原子核的基本组成成分。

　　但是我们不能只根据这两个例子就认为，所有有关基础科学的事例只能在原子物理学的领域中才能找到。事实上，能被称为"基础"定律的首例起源于天文学，我指的是开普勒（J. Kepler）的发现。开普勒对第谷·布拉赫（Tycho Brahe）的大量观察结果做了长时间和耐心的分析后，终于发现了行星运动的定律。后来，开普勒定律又导致了牛顿（I. Newton）著名的万有引力定律，而牛顿万有引力定律两百多年来一直在科学舞台上起主导作用。过一会我还会回过头从不同的角度来讨论这个问题，但这个例子足以说明，只有在万有引力的领域里天文学才能直接引出具有基础性的结论。还有一个例子可以说明这件事实，水星的实际运动轨道与根据牛顿定律预测的轨道之间存在着细微的偏差，该偏差指出了且随后证实了由广义相对论蕴含的对时空观的根本变革。这一事实进一步说明了上述"天文起源"（即"基础定律首例起源于天文学"）问题。哈勃（E. P. Hubble）发现银河系外星云正在远离我们而去，其远离的速度与它们跟银河系的距离成正比，同样，这一发现颇有可能导致我们基础概念的进一步修改。

　　我上面所举的几个例子，或许表明了科学的真正价值存在于能直接导致我称之为"基础"进展的追求之中。事实上，有许多物理学家真的接受了这种看法。例如，一位很杰出的物理学家曾经对我说，我早就应该是一个真正的物理学家了。显然，他对于我特别偏爱天文学的事情感到担忧，同时也想鼓励我。我认为，这种态度代表着一种对于科学的真正价值的误解，并且，科学史也会对这种态度提出异议。

从牛顿时代至20世纪初，整个动力学和由它演绎出的天体力学都完全是在对牛顿定律的结论做扩充、完善和计算。哈雷、拉普拉斯、拉格朗日、哈密顿、雅可比、庞加莱 —— 他们都乐于将他们科学生涯的大部分精力用在这件工作上，也就是说，用于推广一门导出科学上。对于导出科学的嘲笑，意味着否定了这些人如此严肃认真追求的价值观。这在我看来，简直是荒谬透顶得不值一提。公正地说，基础科学和导出科学之间很明确地存在一种互补关系。基本概念的有效程度，与它们能分析的自然现象的范围大小成正比。如果限制这些概念的有效范围，我们就会发现其他定律的应用将比我们用过的定律更加普遍。从这种观点来看，科学永远是一个形成过程，正是在这种共同努力去分享科学进展的过程中，科学的价值才能得到实现。我想有了以上一些看法，我就能以一种更正式的方式，叙述我所认为的科学的真正价值，这种价值也正是一个科学家在他的实际工作中所追寻的。

　　科学的价值在于对自然的一致性的不断完善的认识之中。事实上，这仅仅只是意味着这些价值的获得，或大或小地扩大或者等量地限制了人们关于物质及时空概念的适用范围。换言之，科学家期望在他们的追求中，能不断地扩大某个基本概念的适用范围。在这样做时，科学家试图发现这些同一概念是否存在着某些限制，并试图形成范围更宽和适用性更大的概念。科学家所追求的这些价值，包含在我将讨论的三种不同形式之中，这三种不同形式的标题是："基本定律的普适性"、"根据基本定律所做的预测"和"由基本定律做出的证明"。

　　我将通过实例分别阐述它们。

基本定律的普适性

通过讲述万有引力定律的普适性，在某种程度上能很好地描绘出引力定律是如何获得普适性的。

人们早已发现，地球上所有物体均受到一个指向地心的引力作用。然而这种引力能够影响到多大范围呢？它能影响到月亮那么远的地方吗？牛顿向自己提出了这些问题，并且他回答了它们。伽利略已经证明，匀速直线运动和静止都是物体的自然状态，偏离这种自然状态需要力的作用。假定月亮不受任何力的作用，它将脱离轨道而沿轨道的瞬时切线方向离去。如果月亮的运动是由于地球引力形成的，那么这种引力的作用就是把月亮从瞬时切线方向拉到轨道上运动。由于月亮绕地球转动的周期和距离都是已知的，所以很容易算出月亮在1秒钟内由切线落下的距离。将这个值与自由落体的速度比较之后，牛顿发现两者之比为1:3600。又因为月亮到地心的距离是地球表面上物体到地心距离的60倍，这就意味着存在一个与距离平方成反比的力。

牛顿向自己提出的第二个问题是：引力的这种性质到底在多大程度上有效。特别是太阳是否也有类似的力使行星做轨道运动，就像地球引力使月亮做轨道运动一样？这些问题的答案可在开普勒定律找到。牛顿指出：开普勒第二定律——行星在相同时间内掠过相同面积——意味着存在一有心力，即指向太阳的一种力；开普勒第一定律——行星轨道为椭圆且以太阳为椭圆的一个焦点——是引力平方反比定律的一个结论；最后，若同一定律对各个行星均成立的话，那么，行星运动的周期和距离的关系就在开普勒第三定律中得到表述。

牛顿就是以这样的方式阐明他的万有引力定律，即宇宙中任一粒子对其他任何粒子都有引力作用，其大小与它们之间距离的平方成反比，与两粒子的质量成正比。应该注意到在这个公式的描述中用了"宇宙"这个词，这就很清楚地表明了该公式的重要性在于它的普适性。

再举一个与观测有关的例子。威廉·赫歇耳（W. Herschel）根据他对距离很近的恒星对的研究，于1803年宣布：在某些时候恒星对是双星，它们相互绕着对方旋转。赫歇耳还进一步阐明，它们的表观轨道是椭圆，而且开普勒面积定律同样可以适用。换言之，这种观察结果使得万有引力定律的适用范围从太阳系扩展到了遥远的恒星。我们现在很难想象得出赫歇耳的发现，对他同时代人有多么大的影响。

自从牛顿定律公之于众后，天文学中众多的进展都与牛顿定律在太阳系运动中的应用有关。牛顿本人就得出了很多的重要结论。这里只讲两个例子：其一，他正确地解释了海洋的潮汐现象；其二，他还正确地解释了距他两千多年之前喜帕恰斯（Hipparchus）就发现了的岁差现象。

将牛顿定律运用到整个太阳系是一项极其艰巨的任务，它耗尽了许多科学巨匠毕生的精力，如拉格朗日、拉普拉斯、欧拉、亚当斯、德劳雷（Delaunay）、希尔（Hill）、纽康姆（Newcomb）以及庞加莱等。

我前面已经讲过，用牛顿定律不能完全解释水星的运动。水星实际运动轨道与牛顿定律计算出来的轨道有小小的偏离，这种偏离体现为一种整个轨道的缓慢进动，该进动速率比用牛顿定律计算出来的速率要超出一点点，即100年只有42弧秒。现在，用爱因斯坦的广义相对论似乎已经能圆满地解释水星的这种进动。

现在，牛顿定律仍能有效地运用到天文学众多的领域里。其中最新的领域是将整个银河系的运动作为一个整体进行研究，这个动力学的新分支称为"天体动力学"。其发展极为迅速，有着广阔的前景。下面有几个地方我还会涉及这一领域。

让我暂时撇开自然界定律普适性的经典例子，来看一个更新颖，在某种程度上更令人惊讶的例子。核衰变现象（通常叫作"原子裂变"）在近年来已得到广泛的研究，对于1946年的听众来说，这件事毋庸赘言。利用研究结果，贝特（H. A. Bethe）在几年前宣布：涉及碳和氮的某些核衰变可间接合成由四个质子组成的氦核。他还进一步指出，根据前不久天体物理学家推导出来的太阳内部的情况，再利用在实验室发现的反应截面，我们现在能相当满意地解释太阳能的来源——这又是一个许多不同类型的研究综合起来解释某一现象的辉煌例证。

我们再看另一个例子。1926年，当费米（E. Fermi）和狄拉克（P. A. M. Dirac）将统计力学定律应用于电子气（electron gas）时，他们不得不对这些定律做些修改，并且证明在高密度和（或）低温的情形下，经典定律将出现偏差。这种偏差的性质表现在：根据经典定律，压力正比于密度和温度。若在给定的温度下增加密度，偏差就会逐步表现出来，即随着密度增加压力迅速增加，并最终变成了只是密度的函数。这种状态称为电子气的简并态。这些新的定律在金属学理论中有着广泛的应用，并且有极大的实用价值。然而这些新定律的最初应用却发生在天体物理学中。R. H. 福勒（Fowler）利用费米-狄拉克气体定律阐明了类似天狼星的伴星这种高密度恒星的结构。通常称之为白矮星（white dwarfs）的这类高密度恒星，其密度数量级达每立方英寸几吨。最特别的例子是几年前由 G. P. 克尤帕尔（Kuiper）所发现的一颗恒星，据估计其密度达每立方英寸620吨。福勒立刻认识到，在此情形下，根据费米-狄拉克统计学，电子一定处于简并态。有了福勒的发现，人们才可能算出白矮星的构成成分。

我个人对于白矮星的结构这个题目比较感兴趣，如果对这个题目讲得多了一点，请大家谅解。随着福勒论点的推广，人们很快发现费米-狄拉克定律需要做进一步修改以便解释这样一个事实，即在高密度的白矮星中必然有相当数量的电子以接近光速的速度运动。当考虑到如此高的速度并做了修正之后，人们就发现高密度星体的质量存在着一个上限。该上限大约是1.4个太阳质量。该上限出现的原因是若超过该质量就不会存在稳定的平衡组态。认识到这种质量上限又引起了很多关于星体演变的有趣问题。超新星现象的出现与此有某种关系是完全有可能的。这方面的研究我不能再进一步讨论下去了。我之所以提到这些问题，就是想要大家注意到：某些基本定律的有效范围是不断扩大的。

我上面所给出的三个例子，都是讨论同类定律的适用程度。但是，有时我们将同一类思想应用到各种问题中去，而这些问题乍看起来可能毫不相关。例如，用于解释溶液中微观胶体粒子运动的基本概念同样可用于解释星群的运动，认识到这一事实是令人惊奇的。这两种问

题的基本一致性 —— 它具有深远的意义 —— 是我一生中所遇到的最令人惊讶的现象之一，对此我想多讲几句。

"布朗运动"现象是英国植物学家布朗（R. Brown）在1827年发现的。当他观察悬浮在水中的微粒（他用的是花粉）时，他发现这些微粒永远不会静止下来，处于一种不停地骚动的状态。现在想来似乎可笑，起初这种不停的运动竟被认为是花粉的生命活动引起的，但是布朗马上就指出这种解释是不可能的。因为即使是从埃及斯芬克斯石像上取得的细微尘埃，也具有同样的行为。现在我们知道，布朗运动起源于胶体微粒与它们周围的液体分子的碰撞。既然最细小的胶体微粒也要比单个的分子重几百万倍，显然单一的碰撞几乎不会对胶体微粒产生任何影响。但大量碰撞的总体效应是可观的。令人惊诧的是用于研究布朗运动的同样方法，也适用于研究像昴星团这样的星群运动。我们可以这样做的原因是：当星群中的两颗星擦身而过时，每颗星体运动的方向和量值都发生了变化。由于星体间的作用力与距离的平方成反比，作为单个效应来说星体的运动受到的影响很小，但同样地由于大量的这类交遇，其累积效应就产生了可观的变化。很明显，这与布朗运动是类似的，所以星群运动理论能够随着布朗运动理论的发展而发展。而且，星群运动理论比胶体微粒运动理论更完备地描述了布朗运动的特征。我还要指出的是，正是由于这种理论的发展，我们才能在总体上预言星群的演变和宇宙的时间尺度。

根据基本定律所做的预测

现在我要谈到科研的一个侧面，即根据其他证据推出的定律来做预测，以及对这些预测所做的证实。

我认为，在近代所做的且随后被证实的预测中，最令人瞩目的要算是哈雷的预言了。1705年，爱德蒙德·哈雷（E. Halley）向皇家学会做了《彗星摘要》（*Astronomiae Cometicae Synopsis*）的专题报告。在这份经典的论文中，哈雷仔细研究了从最早年代甚至牛顿时代有关彗星的各种记载。接着，根据牛顿原理，哈雷对从1337年到1698年间做过专门观察的24颗彗星进行了抛物线性的计算。这份论文的准确性和完备性可以说是达到了无可挑剔的程度，对人类知识做出了既有纪念意义又令人回味无穷的贡献，读起来叫人爱不释手。正是在这篇论文中，哈雷想到了这种可能性，或者说或然率，即彗星的运动轨迹可能是极扁的椭圆而不是抛物线。在后一种情况下彗星来自无穷远处，也将归宿于无穷远处。然而，在前一种情况下，彗星就是太阳系的成员了，经过漫长的若干年，它们将重新出现。正因为有这种可能性，哈雷才做了大量的计算工作。这样，如果出现一颗新的彗星，可将它的轨迹与已计算出的轨迹相比较，我们就可能确定它是否是曾出现过的彗星。哈雷还说，许多迹象使他确信，1531年的那颗彗星与1607年观察到的彗星以及1682年他本人亲自观察过的彗星是同一颗，他还认为大约在1456年看到的那颗彗星也就是这同一颗彗星。随后他写道："由此我很有信心地大胆预言，这颗彗星将于1758年重新出现。"这就是彗星中最著名的哈雷彗星的起源。哈雷没能看到这颗彗星再次出现就去世了，但它确实在哈雷所预言的那一年出现了，并且在此之后又出现过两次。

预言随后被证实的另一个新近的事例是狄拉克关于正电子的预

言。1928年，狄拉克灵感突发，写出了一个有关电子的方程。这个方程预言的许多事情都与实验吻合，但该方程还预言电子应该有负能态——这可真是前所未闻！然而，狄拉克与以往一样坚信他的方程是正确的，他断定存在着负能态。为了克服所有电子都坠入负能态并在人们周围产生一个奇妙世界这样的难题，狄拉克提出了他的设想：在通常情形下，所有的负能态都被填满了，极少数带有正能的剩余电子不能进入负能态，通常情况下事实确实如此。尽管如此，在某些条件下负能态的电子能够被激发到正能态，这样就产生一个电子并在无限分布的负能态中产生一个空缺，正是这个无限分布的负能态中的"空穴"会表现得如同一个完全可察觉的正能粒子一样，不过带正电荷而已。这个空穴就是正电子，狄拉克假设的现象就是电子对的产生。狄拉克甚至还建立了一套有关这种电子对生成的概率理论。大约三年后，所有这些预言都得到了证实，这使他更加坚信他的方程是绝对正确的。

　　预言被证实这一类情况中，我想讲的第三个也是最后一个例子是爱因斯坦关于引力场中光线会发生弯曲的预言以及对该预言的证实。在讲述这个故事时，我要摘录证实预言的主要人物爱丁顿（A. S. Eddington）在一次演讲中的几段话：

　　　　在我的天文学生涯中，我能想起的最令人激动的事件要算在1919年的日食观察中，证实了爱因斯坦有关光线发生弯曲的预言。当时的情况是很不寻常的。虽然于战争期间的1918年开始制订了计划，但直到出发前11个小时我们还在怀疑这次考察能否成行。但1919年的日食太重要了，不能错过这千载难逢的良机，因为这次具有极好的星场——任何之后的考察都不会有这样好的时机。已故皇家天文学家弗兰克·戴逊（F. Dyson）爵士在格林尼治组织了两支考察队，一支赴巴西的索布拉尔，另一支赴西非的普林西比岛（普林西比岛考察队由爱丁顿负责）。显然，要想在停战之前让仪器制造商制造一些观察用的仪器是不可能的。由于考察队得于2月份出发，所以准备工作极为仓促。巴西队在日食那天天气异常好，可惜碰到了一些情况，所以他们的观察结果几个月后才处理出来，但最后他们还是提供了关键性的证据。我当时在普林西比岛。日食那天下起雨来，满天乌云，大家都几乎完全失望了。接近全食时，太阳隐隐地显露出来。我们抱着一线希望执行了原订计划。一定是日全食结束之前乌云变薄了一点，因为尽管有许多底片报废了，可我们仍得到了显示出要找的星象的两张照片。将它们与太阳在别处时同一星场所摄的照片加以比较，有明显位移，这表明星光在掠过太阳时，光线的确发生了弯曲。

这个问题有三种可能性：其一，可能根本就没有什么弯曲现象，即光线不受引力场的影响；其二，可能存在一种"半弯曲现象"，即光线受引力场影响服从牛顿定律而发生弯曲；另一可能是服从爱因斯坦而不是牛顿定律的全弯曲现象。我记得戴逊向已知道这些主要思想的柯丁罕（Cottingham）解释这一切时说，光线弯曲得越厉害其结果就越令人激动。柯丁罕问："如果我们得到双倍的弯曲会怎么样呢？"戴逊说："那样的话爱丁顿就会发疯，你就只好一个人回家了。"

当时就对照片做了测算，这不仅仅是急不可耐，而是怕在回家途中发生什么不幸。于是对成功的两张照片中的一张立即进行了检试。结果得到的数值从天文学标准来说已经完全足够了，所以一张照片实际就可以确证一切了，尽管还会从其他方面寻求进一步的证实。日食后第三天，当算完最后一个数据时，我意识到爱因斯坦理论经受住了实践检验，新的科学思想观必将受到广泛承认。柯丁罕也将不会是独自一人回家的。

由基本定律做出的证明

我现在讲讲科研的第三个特性，在某种意义上，这一特性介于我已经讲述的两个特性之间。

18世纪，唯心主义哲学家贝克莱大主教和他的追随者宣称：太阳、月亮和星体只不过是"我们头脑中的感知"，探索诸如星体构成之类的问题毫无意义。但只过了几十年，即在1860年基尔霍夫（G. R. Kirchhoff）宣布了具有重大意义的有关夫琅和费线的化学解释。他指出，夫琅和费线表明在太阳的大气层中，人们所熟知的一些金属元素以炽热的蒸气形式存在。从那时起，谈论星体的构成再也不是痴人说梦的事，而是具有重大实际意义的问题。

在此后的80多年中，人们将实验室和天文观察得到的无数光谱，做出了几近完备的解释，其时间之短和任务之艰巨，真令人难以置信。

有关研究这些问题的故事组成了科学历史和科学方法中最富于浪漫色彩的章节之一。当然该章节中的大部分内容都不能脱离50多年来物理、化学和天文学的发展史。如果我从这个大领域中挑出两个细节来专门讨论，那并不是我过于强调它们的重要性或意义，而只是我碰巧对它们特别感兴趣而已。我想谈及的是氢之后的两个最简单的原子，即带两个电子的原子：氦和负氢离子。

　　首先谈谈氦。1895年3月之前，人们只知道氦是太阳色球层的一种色球元素。1868年8月，法国天文学家詹森（Jansen）在日全食中探测到了氦的存在。詹森观察到的现象是：全食时，当太阳在喷射炽热气体的瞬间所获得的色谱中，在众所周知的钠线附近存在着一条波长为5876Å的明亮黄线。起初人们认为该线可能是钠引起的。但洛克耶爵士（Sir Norman Lockyer）首先意识到这种解释是不正确的，而且这条新线与当时已知的地球上的任何元素谱线都不吻合。因此，他断定出现了一种新元素。又因为该元素是在太阳中探测到的，所以他称之为氦。1895年即四分之一世纪之后，著名的化学家威廉·拉姆赛爵士（Sir William Ramsay）在研究某些铀矿物产生的气体时，检查了这些气体的谱图。他发现在谱图中有一明亮黄线正处于上述太阳谱图的氦线位置上。进一步的研究，确认了在两种情况下的谱线都是同一元素产生的。这样，首先在太阳上探测到的元素随后在地球上被分离出来了。

　　负氢离子的故事在某些方面同样引人入胜。由一个质子和两个电子组成的原子可以以自由态存在，这是贝特和海勒拉斯（Hylleraas）在理论基础上确认的事。贝特和海勒拉斯依据量子理论计算结果是如此明确肯定，以至无论是它的稳定性，还是这种原子在适当条件下以自由态存在的能力，都是不容置疑的。但迄今为止，在实验室中仍未分离出负氢离子。不过威尔特（Wildt）前几年指出，负氢离子肯定会以自由态存在，而且大量存在于太阳大气层中。这就出现了一个问题："我们能否探测到它呢？"为了能探测到负氢离子，首先我们必须知道负氢离子吸收光线的方式以及这种吸收作用在太阳谱图中的表现。确定负氢离子如何吸收光线的理论问题竟然异常棘手，但是根本的物理学问题现在已经解决，人们可以相当肯定地预言，在太阳谱图中可能会观测到这种效应。这些效应的性质是如此清晰明了，并被观测如此充分地证实，所以可以毫不夸张地说：量子理论预言肯定存在由一个质子和两个电子组成的这种稳定的原子，很快会得到证实。

到此为止，我还只讲了科学家在他们的各自专业领域的实践活动中所做的探索和追求。在本文快结束时我想要谈一下科学家的动机。关于这个问题有几种不同的看法。有人认为科学家的动机源于他们有意识地或下意识地相信他们所做的一切，最终会给人们日常生活带来舒适，我不同意这种看法。有人坚称科学家必须总是有意识地将他们的工作与时代和社会的需要相结合，我也不赞成这种推论。有人认为科学家努力工作是因为他们对追求真理有一种"神圣的激情"或对于解开自然界的"奥秘"有一种"炽烈的好奇心"，这种看法我也不能接受。我不相信每天沉浸于工作的科学家，与放弃帝王生活而沉思对人生有意义的伦理和道德价值观的释迦牟尼之间会有什么共同之处。而且，我认为科学家与马可·波罗也不会有什么共同之处。

实际上科学家努力工作的具体和现实的原因是他们的那种愿望，

即他们想尽自己最大的能力积极参与科学的进展过程。如果一定要我用一个字眼来描述激励科学家工作的主要动机，我就用"系统化"（Systematization）这个字眼。这听起来似乎太平淡无奇，但我认为它揭示了实质性的东西。从根本上说，科学家试图做的工作就是选择某一领域，某一方面或某一细节，来检验它们在具有一定形式和连贯性的总体框架中是否占有适当的位置；如果它们的位置不当，科学家的工作就是做进一步的探索以使它们占有适当位置。这种说法也许有点晦涩难懂，尤其是使用了"适当""总体框架""形式"和"连贯性"等字眼。我承认要定义这些字眼就如同要到艺术中定义美一样，但对那些熟悉自己研究课题的人来说，认识和欣赏这些术语并不困难。我不妨试着用两个简短的例子说明我的意思。

1896年，亨利·贝克勒尔（Henry Becquerel）发现了放射性现象。

关于放射性我们现在已经知道的内容是：有三种放射性系；当发生放射性衰变时会发射出一到三种不同的射线；放射性位移具有某种规律；存在着同位素和等量异位素；原子的自发衰变涉及新奇的理论；等等。可以想象，对于那些对上述事情一窍不通的人来说，放射性现象是多么复杂和变化多端。然而，1904年卢瑟福的《放射性》（*Radioactivity*）一书的第一版问世时，放射性现象的实质性问题就被揭示出来了。这个问题的解决，很大程度上归功于系统化地研究了能量、秩序和完备性——这些都是卢瑟福的特点。

再举一个例子：在第一次世界大战和20世纪20年代中，物理学家承担了揭开复合原子光谱之谜的极为浩繁的任务，如果不是有意识地做到了我所说的"系统化",就不可能完成这项任务。20年代末确定的量子理论原理也是依这种方式才建立的。这个系列讲座的主办人曾明确表示过,希望每个演讲人讲讲自己的经历,因此我也不妨谈谈我所采取的工作方法。我的工作方法一直是:首先了解一个课题的已知情况,然后检查这些情况是否符合一般人们会关心的严谨性、逻辑条理和完备性的标准;如果不符合这些标准,就着手使之符合。在已有的学术成就上系统化,一直就是我的动机。我敢大胆地说,这的确是非常普遍的情况。无论如何,在我看来只有这样才能正常地进行科学研究,才能获得真正的科学价值。

我恐怕没有多少时间来讨论科学工作的另一个极重要的方面,即科学的集体合作性。在此,我只摘录卢瑟福的一段话:

> 任何个人要想突然做出惊人的发现,这是不符合事物发展的规律的。科学是一步一个脚印地向前发展,每个人都要依赖前人的工作。当你听说一个突然的、意想不到的发现——仿佛晴天霹雳时,你永远可以确信,它总是由一个人对另一个人的影响所导致的,正是因为有这种相互影响才使科学的进展存在着巨大的可能性。科学家并不依赖于某一个人的思想,而是依赖于千万人的集体智慧,千万人思考着同一个问题,每一个人尽他自己的一份力量,知识的大厦就是这样建造起来的。

这就是当代最伟大的物理学家之一——我甚至认为是最伟大的物理学家——的看法。因此,大家可以理解到为什么科学家往往是国际主义者，为什么科学家现在对科学自由的可能限制极为忧虑。

　　最后，也许有人会问："科学家的生活有什么价值呢？"哈代（G. H. Hardy）这样回答这个问题："（他）给知识增添了一些东西，同时又帮助他人给知识增添了更多的东西；这些东西的价值与伟大的科学家们创造的价值相比，或者与那些身后留下了某种纪念的或大或小的艺术家创造的价值相比，只有程度上的不同，没有性质上的不同。"

第 2 章
科学的追求及其动机（1985）

正如每个科学家的嗜好、气质以及对科学的态度是千差万别的一样，每个科学家追求科学的动机和涉及的范围也是千差万别的。所以，"科学的追求及其动机"是个很难讨论的题目。除此之外，在科学家的整个一生中，他们的动机很容易发生巨大的变化，的确很难找到一个共同的衡量标准。

我限定自己只反映以前的一些伟大科学家的生活与成就。要反映这些伟人的动机和态度，会受到在交流过程中语义上的严重困难，这种困难体现在：语言上所通行的词和惯用语，有各种不同的评论与判断。实际上，当谈到他人时，人们应该很好地注意屠格涅夫在他的小说《除夕之夜》里，通过英沙诺夫向人们提出的警告：

我们正在谈论别人，为什么要牵涉自己？

为了从一个恰当的角度开始我的论述，我将从20世纪20年代中期马约拉纳（Majorana）与费米的谈话开始。当时他俩都只有二十几岁，他们的谈话是一个当时在场的人告诉我的：

　　马约拉纳：每隔500年才有一个类似阿基米德或牛顿这样的科学家出现，而每隔100年就有1至2个类似爱因斯坦和玻尔这样的科学家出现。

　　费米：那我将处于一个什么地位呢？

　　马约拉纳：理智一点，费米，我并没有谈到你我，我们谈的只是爱因斯坦与玻尔。

I

　　当谈论到促使人们追求科学的动机时，最好的例子莫过于开普勒。开普勒的独特之处在于他处在一个科学发生了巨大变化的伟大时期，这时科学正在摆脱笼罩在它身上的教条，为日后牛顿的发现铺平了道路。开普勒不迷信前人的成就，提出了一些包括哥白尼在内的一些伟人所没有提出的问题。开普勒关于行星运动的理论，完全不同于以前所提出的假说；他的关于行星运动的轨道"是椭圆"的断言，更超越了他前人所做的各种各样的改进。在有关行星运动的分析中，开普勒并不偏重于各种几何问题，相反，他提出了以下一些问题："行星运动的原因是什么？""如果像哥白尼的假说所指出的那样，太阳是太阳系的中心，那这一事实就应该能够由行星本身的运动和轨道辨别出来。"这些都是物理问题，而不像以前所设想的那样，都是几何构造的问题。

　　尽管开普勒解决行星运动等问题的方法，完全不同于他以前的任何人，但他的工作仍然是从对观察结果进行仔细分析后得出一般结论的方法，而且是这种方法的一个杰出的例子。他的分析过程漫长并且极其艰辛：他在20多年的时间里，坚持不懈地进行工作，从来没有放弃他的目标。如果用呕心沥血这个词来形容他的努力，也是丝毫不过分的。

开普勒从一开始就认识到，仔细研究火星轨道是研究行星运动的关键，因为火星的运动轨道偏离圆轨道最远，它使得哥白尼的理论显出了严重的缺陷。开普勒还认识到，对第谷·布拉赫准确的观察资料进行分析是整个问题的必不可少的先决条件。开普勒曾经写道：

> 我们应该仔细倾听第谷的意见。他花了35年的时间全心全意地进行观察……我完全信赖他，只有他才能向我解释行星轨道的排列顺序。[1]
>
> 第谷掌握了最好的观察资料，这就如他掌握了建设一座大厦的物质基础一样。[2]
>
> 我认为，正当朗高蒙太努斯（Longomontanus）[1] 全神贯注研究火星问题时，我能来到第谷身边，这是"神的意旨"，我这样说是因为仅凭火星就能使我们揭示天体的奥秘，而这奥秘由别的行星是永远揭示不了的……[3]

实际上，开普勒曾千方百计想获得他梦寐以求的第谷的观察资料。如果说他犯了偷窃罪，似乎也并不夸张，因为他自己就曾经承认："我承认，当第谷死的时候，我正是利用了没有或缺乏继承人这样的有利条件，使第谷的资料由我照管，或许可以说霸占了观察资料。"[4] 他自

---

1. 丹麦天文学家，第谷·布拉赫的助手。——译者注

己又解释道："争吵的原因在于布拉赫家族有怀疑的天性和恶劣的态度；另一方面，也在于我自己有脾气暴躁和喜欢挖苦人的毛病。必须承认，滕纳格尔（Tengnagel）有充分的理由来怀疑我。我已占有了观察资料并且拒绝把它们交给继承人。"[5]

得到了第谷的观察资料以后，开普勒不断向自己提出了这样的问题："如果太阳确实是行星运动的起源和原因，那么这一事实在行星自身运动中如何体现出来？"他注意到，火星的运动在近日点比在远日点要快些，并且"想起了阿基米德"，于是，他用矢径（连接太阳和火星瞬时位置的矢量）的方法，算出了沿轨道运动的面积。开普勒写道：

> 当我认识到，在运动的轨道上有着无数个点以及相应产生了无数个离太阳的距离，我产生了这样的想法：运动轨道的面积包括了这些距离的和。因为我回忆起阿基米德用同样的方法，将圆面积分解成无数个三角形。"[6]

这就是开普勒于1603年7月发现面积定律的经过。牛顿把它称为开普勒三大定律的第二定律。从此以后，人们都这样称呼面积定律。开普勒用了5年多的时间才建立起这个定律；其实，早在1596年他发表《宇宙的奥秘》这本书之前，他就在探求这一规律，那时他用的方法是把5个规则的多面体与当时已知的6个行星联系起来。

面积定律能够确定轨道上各点的速度的变化，但不能确定轨道的形状。在他得出面积定律的最终表述的前一年，开普勒实际上就摒弃了行星运动轨道是圆的假说。1602年10月他曾写道："行星轨道不是圆。这一结论是显而易见的——有两边朝里面弯，而相对的另两边朝外伸延。这样的曲线形状为卵形。行星的轨道不是圆，而是卵形。"[7]

在做出火星轨道是卵形这一结论之后，开普勒又花了3年时间才确定它的轨道实际上是椭圆，当这一结论确立时，他写道：

> 为什么我要在措词上做文章呢？因为我曾拒绝并抛弃的大自然的真理，重新以另一种可以接受的方式，从后门悄悄地返回。也就是说，我没有考虑以前的方程，而只专注于对椭圆的研究，并确认它是一个完全不同的假说。然而，这两种假设实际上就是同一个，在下一章我将证明这一点。我不断地思考和探求着，直至我几乎发疯，所有这些对我来说只是为了找出一个合理的解释，为什么行星更偏爱椭圆轨道……噢，我曾经是多么地迟钝啊![8]

开普勒用了10年多的时间才发现了他的第三定律，即任何两个行星公转周期的平方与它们到太阳的平均距离的立方成正比。1618年，开普勒在他的《宇宙的和谐》一书中表述了这个定律。下面就是开普勒自己对发现这个定律的描述：

> 准确地说，就是在1618年3月8日这天，这一结论显现于我的脑海中。但不幸的是，当我试图用计算来证实它的时候，我又以为它是错误的，因而我抛弃了它。5月15日，这个念头终于又回到了我的脑海中，并且以一种全新的方

式使我豁然开朗。它与我17年来对第谷观察资料进行分析
所得出的数据吻合得如此之好，以至刚开始的瞬间，我感
到我好像在梦幻之中。[9]。

至此，开普勒呕心沥血的漫长而艰辛的追求，终于结束了。

在他的第一本书《宇宙的奥秘》中，开普勒就说过："但愿我们
能够活着看到这两种图像能够相互吻合。"[10] 22年后，当他发现了
他的第三定律，从而使得他的梦想得以实现时，开普勒在《宇宙的
奥秘》再版中加进了这样的注释："22年后，我们终于活着看到了这
一天，并为此感到欢欣鼓舞，至少我是如此；并且我相信梅斯特林
（Maestlin）及其他人将分享我的快乐！"[11]

II

布诺特（Max Brod）——一个以出版卡夫卡（Franz Kafka）生前
之作而闻名的捷克作者——在他的小说《第谷·布拉赫的赎罪》中，
描述和比较了第谷·布拉赫与开普勒的性格特点。尽管布诺特的小说
很大程度上与历史事实不符，但他有关开普勒究竟是怎么样的一个科
学家的看法，仍是值得摘录的。

开普勒使第谷对他充满了敬畏之情。开普勒的全心全
意致力于实验工作、完全不理会叽叽喳喳的谣言的宁静心
态，在第谷看来，几乎是一种超人的品质。这儿有点不可
理喻的地方，即似乎缺乏某种情感，有如极地严寒中的气

息……[12]

一个实践的科学家能像布诺特描述的开普勒那样，这么宁静与不露情感？[13]

III

开普勒追求科学的最显著特点是专注于他自己的探求。用雪莱的话来说："他是一个极为独特的人物。"但是，如果别人也像开普勒那样始终如一，专心致志地追求，他们能否也像开普勒那样成功呢？

首先，以迈克耳孙（Albert Mechelson）为例。在他的一生中，他主要是追求一种测量光速的更准确的方法。他的这种兴趣几乎是出自偶然。当他在美国海军科学院任讲师时，科学院的一位负责人要他准备几篇有关光速的演讲稿。这是1878年的事，它导致1880年迈克耳孙第一次测定了光速。50年后的1931年5月7日，也就是他临死前两天，他着手口述一篇有关他最后观察结果的论文，这篇论文于他死后发表了。由于迈克耳孙的工作，人们对光速的精度从3×10^{-3}提高到3×10^{-4}，也就是说提高了10倍。然而到了1973年，其准确性改进到10^{-10}，这一测量精度今后是不会被超过的。

那么，能够说迈克耳孙50多年的努力都白费了吗？我们暂时撇开这个问题。人们应该注意到在迈克耳孙漫长的工作生涯中，他的许多发明都与他热衷于研究"光波及其应用"有关。例如，因为他研制出了干涉仪，使他首次直接测定了一颗恒星的直径。这是一个惊人的成就。至于在爱因斯坦狭义和广义相对论的公式中起作用的迈克耳孙-莫雷实验，它不可否认地改变了人们对时空观的认识，那更是无人不知、无人不晓的了。奇怪的是迈克耳孙自己，他从来没有对他实验的这一结果表示出一丝快乐。实际上，有记载说，当爱因斯坦于1931年4月拜访迈克耳孙时，迈克耳孙夫人认为有必要私下告诫爱因斯坦："请不要和他谈以太。"[14]

第二个例子是爱丁顿。在他后半生中，他花了16年多的时间来完善他的"基本理论"。他本人对于他耗费如此巨大的精力有什么看法呢？在他去世的前一年，他曾说道："过去的16年中，我从来没有怀疑过我的理论的正确性。"[15] 虽然他自己这么说，但他的工作对此后的发展，没有留下任何印迹。

单一的对象和唯一的目标，是科学追求的明智之举吗？

IV

开普勒的成功事例有力地说明，坚持不懈的努力能导致伟大的且具有开创性的发现。与此同时，很多事例表明许多了不起的想法几乎是自发地产生的。例如，狄拉克曾经写道："有关泊松括号与电子的相对论性波动方程的研究工作，有些想法突然闪现于我脑海中，我不能够很明确地说清楚这种想法到底是如何出现的，但我感到这种工作是一种'太容易获得的成功'。"[16]

这一事实，即狄拉克认为他的泊松括号和电子的相对论性波动方程的潜意识的想法是偶然产生的，说明那些有过重大发现的人似乎都想回忆起并珍惜他们取得成就的特殊时刻。狄拉克并非唯一的例子。爱因斯坦就曾这样写道："1907年，当时我正在写一篇有关狭义相对论综合性论文…… 突然，我的一生中最得意的想法闪现出来了……即'对于一个从屋顶自由下落的观测者'（至少在他周围很近的地方）存在着一个非引力场。"[17]。这种"得意的想法"，我们都知道，后来隐含在他的等效原理之中，这个原理也是他后来的广义相对论的基础。

　　具有同样往事的例子是费米。我曾经就阿达玛（Hadamard）在《数学领域中的发现心理学》所提出的设想问费米，什么是物理学领域的发现心理。费米回忆了他发现慢中子引起放射性作用的那一时刻。当时他是这样说的：

　　　　我来告诉你我是如何取得我认为是我一生中最重要的发现。我们当时正努力地研究着中子的感生放射性，但所得到的结果毫无意义。一天，当我来到实验室时，突然冒出了这样的想法，我应该检验检验在入射中子前放一块铅所引起的结果。这一次我特别有耐心，我尽力使铅块安放准确，这与我通常习惯大不相同。很显然，我对某些事情感到不满意，我千方百计找理由拖延在这个位置放上铅块。最后，当我勉勉强强要放上铅块时，我对自己说："不，我不应该在这个位置放上铅块，我想我应该放上一块石蜡。"事情就是这样发生的，没有任何事先的预告，没有任何有意识的判断。我马上找来一块奇形怪状的石蜡，把它放在本应该是放铅块的位置上。[18]

也许在这方面的一个最动人的故事，是海森伯所讲述的有关量子力学的规律突然闪现在他脑海中的时刻。

> …… 一天晚上，我就要确定能量表中的各项，也就是我们今天所说的能量矩阵，用的是现在人们可能会认为是很笨拙的计算方法。计算出来的第一项与能量守恒原理相当吻合，我很兴奋，尔后我犯了很多的计算错误。终于，当最后一个计算结果出现在我面前时，已是凌晨 3 点了。所有各项均能满足能量守恒原理，于是，我不再怀疑我所计算的那种量子力学具有数学上的连贯性与一致性。刚开始，我很惊讶。我感到，透过原子现象的外表，我看到了异常美丽的内部结构，当想到大自然如此慷慨地将珍贵的数学结构展现在我眼前时，我几乎陶醉了。我太兴奋了，以致不能入睡。天刚蒙蒙亮，我就来到这个岛的南端，以前我一直向往着在这里爬上一块突出于大海之中的岩石。我现在没有任何困难就攀登上去了，并在等待着太阳的升起。[19]

我们不难理解，在这一特殊时刻海森伯的心情是多么激动啊。我们大家都知道，当时困扰着"旧"的玻尔-索末菲量子理论，有很多困难和佯谬。我们也都知道，长期以来，海森伯与索末菲、玻尔、泡利等人对这些难点和佯谬一直感到困惑不解。当时，海森伯与克拉默斯（Kramers）一起已发表了有关色散理论的论文——在很多方面，这个理论是以后发展的先导。

大约30年后，在他经历了战争的悲伤以及战后的失望、彷徨之后，海森伯提出并阐述了基本粒子理论的思想，对此，我们的反映是什么呢？海森伯夫人在她所写的一本有关她丈夫的一本书中写道："在一个月光皎洁的夜晚，我们漫步于海因山，他完全被他所看到的幻觉所吸引，一路上，他试图向我解释他的最新发现。他谈到对称性的奇妙之处在于可以把它看作万物的原型；他还谈到和谐、简朴的美以及它的内在的真实性。"[20] 她摘录了一段当时海森伯写给他姐姐的一封信：

> 实际上，过去的几周对我来说是非常激动的时刻。也许通过类比我能将我所经历的事情很好地描述出来。即在过去的5年中，我费尽心力试图沿一条至今仍不清楚的道路攀登原子理论的顶峰。现在这座顶峰就在我面前，有关原子理论的全部纵横关系，突然地并且清晰地展现于我眼前。这些纵横关系凭借其数学的抽象性以一种简单得不能再简单的方式呈现出来，它是一种我们只能谦恭接受下来的礼物。即便是柏拉图也可能不相信它们是如此之美。因为这些纵横关系不可能被发明，它们从开天辟地以来就一直存在。[21]

你们也许注意到了，大约30年前，在他的有关发现量子力学的基本原理的描述中，他使用了异乎寻常的相似语言和术语。但是，对于他的基本粒子的见解，我们能像海森伯一样，用相同的方式看待吗？对于量子力学，他的思想立即获得承认；相反，他有关粒子物理学的思想，却遭到了反对和驳斥，即使长期与他讨论问题的老朋友泡利也不例外。但是读读海森伯夫人在她的传记的结尾写的一段话，是很令人感动的。

> 带着一种自信的微笑，他曾对我说："我是足够幸运的，当亲爱的上帝还在工作时，我能越过他的肩膀瞧了一下。"对他来说，那就够了，完全够了。这给了他巨大的喜悦和勇气，使他能镇定自如地对付他在这个世上一再遭到的敌意和误解，并且不至于误入歧途。[22]

V

汤川秀树（Hidekl Yukawa）在50多岁时写了一本自传《漫游者》。在这本书中，汤川秀树提出了一个伟大发现对它的发现者所产生影响的另一侧面。人们习惯于这样想：至少从表面上看来，一个很富有而且成果累累的人，以他的一生为素材的自传《漫游者》，应该是对他整个一生的叙述。但是汤川秀树的"漫游"只讲到他伟大发现的论文的发表为止。他以忧郁的笔调写到他那伟大的发现："我再也不想写除此之外的东西了。因为，对我来说，我不懈学习的那些日子是值得留恋的；另一方面，当我想到我的学习时间逐渐被其他事情占据了时，我感到伤心。"[23]

尽管我们所有的人能够分享科学巨匠发现的喜悦，但我们可能对很多很多不太敏锐、运气不佳的人所珍爱和认为值得回忆的东西感到困惑。他们是否像贝克特（Samuel Backett）的剧作中的人物符拉基米尔和埃斯特拉冈一样，在等待着戈多呢？也许他们会用弥尔顿

（Milton）的"就是站着等也是值得的"这句话，来自我安慰？

VI

我现在讲一讲称赞和同意对一个人追求科学的作用。华兹华斯（Wordsworth）描述牛顿所讲的"一个人独自航行在陌生的智力海洋"情形，并不是我们每个人都能理解的。

我指的是爱丁顿孤独地探求他的基本理论这一事情。尽管他自己对于他的理论的正确性深信不疑，但同时代的人对他的著作漠不关心使他感到很灰心。这种灰心，在他死前几个月给丁戈（Dingle）的一封悲怆的信中表露无遗：

> 我一直试图弄清为什么人们觉得我的理论含糊不清。但我要指出，尽管爱因斯坦的理论被认为是含糊的，但是成百上千的人认为有必要把这种理论解释清楚。我不相信我的理论比狄拉克的理论更深奥晦涩。可对于爱因斯坦和狄拉克，人们却认为克服困难去弄懂这种深奥晦涩是值得的。我相信，当人们认识到必须理解我，并且"解释爱丁顿"成为时尚时，他们会理解我的。[24]

当同时代的人用尖刻的、猛烈的批评表达他们的反对意见时，它能产生一种悲剧性的结果。例如：奥斯特瓦尔德和马赫的强烈批评，使玻尔兹曼深感失望，以致他最后自杀了。他的孙子费莱姆（Flamm）曾写道："他是他的思想的殉道者。"又如，点集合和无穷阶等现代理

论的创始人乔治 · 康托（Georg Cantor），因为他的老师利奥波德 · 克
罗内克（Leopeld Kronecker）痛恨并敌视他以及他的理论，结果康托
精神失常。事实上，他的晚年是在精神病院度过的。

VII

　　一种完全不同于以上所讲述的例子是卢瑟福。

　　我们先回想一下他的经历。1897年，他引入了一种新的命名方
式，将放射性辐射分解成 α 粒子、β 射线和 γ 射线。1902年，他将
放射性衰变的规律公式化 —— 在物理学中首次用概率和不确定性等
术语来表达物理公式，而且也是量子力学概率表述的先驱，这种概
率表述在25年后已变得非常普遍。1905年至1907年间，他和索迪一
起，系统地阐述了放射性衰变位移的规律，并确定了 α 粒子就是氦
核；和波特伍德一起，他创立了用放射性来确定岩石和矿物的年代的
方法。1909年至1910年，这一时期出现了盖革和马斯顿实验，这一
实验发现了 α 粒子的大角散射，接着卢瑟福系统地阐述了散射规律
并提出了原子构造的有核模型。接着，在1917年，他又首次在实验室
中完成了原子嬗变的实验：即用 α 射线轰击N^{14}，使之变成O^{17}和一个
质子。20世纪20年代，他明确了 α 射线和 γ 射线光谱间的相互关系。
1932年，福勒称之为“创造奇迹的一年”，考克饶夫和瓦尔顿发现了
用人工衰变的方法将Li^7转变为两个 α 粒子，布莱克特在宇宙射线表
中发现了正电子，以及查德威克发现了中子。创造这些“奇迹”的人
都在剑桥的卢瑟福的卡文迪许实验室中工作。1933年，卢瑟福和奥
利芬特一起发现了H^3和He^3。

卢瑟福对他自己的发现的态度，在一次答复别人的话中，表示得很清楚。有一次，当他有一项重大发现时，别人说道："卢瑟福，你总是处在事业的波峰之上。"卢瑟福答复说："我自己创造了这个波，难道不是吗？"不知道为什么，从卢瑟福的有利条件来看，似乎他所说的任何话都是正确的，甚至包括下面一句话，有人问他，他是否鼓励他的学生学习相对论时，他回答说："我不会让我的孩子们浪费他们的时间。"如果世上真有快乐的战士的话，那么卢瑟福就是其中的一个。

VIII

到现在为止，我已通过列举一些科学巨匠的生活中的事件，来描述他们对科学追求的各个侧面。现在我回过来讲一些更一般的例子。同样，我从一个实例开始。在迈克耳孙晚年，有人问他，为什么他花这么多时间去测量光速。据说他的回答是："它太有趣了。"不可否认，在对科学的追求中，"有趣"起了一定的作用，但是"有趣"这个词并不意味着缺乏严肃。确实，在《简明牛津字典》中，"有趣"（fun）被解释成"滑稽举动"（drollery）。但是我们能够肯定，当迈克耳孙把他生活的主要兴趣描述成"有趣"时，绝对没有那样的含义。然而，我们赋予迈克耳孙所用的"有趣"这个词的准确含义又是什么呢？更一般地说，愉悦和乐趣的作用是什么呢？

尽管愉悦和乐趣经常被用来描述一个人在科学中的奋斗结果，但失败、挫折及绝望起码也是追求科学的人常常碰到的事。毫无疑问，克服了困难，将会给人带来最终成功的快乐。那么，失败纯粹是科学追求中一个否定的方面吗？

在 20 世纪 20 年代中期和末期，随着量子力学的基本原理的建立，物理学有了迅猛的发展。狄拉克对这种发展的描述是：

> 将它描述成一种游戏（game），一种非常有趣的游戏，这种说法是很恰当的。无论什么时候，某人解决了一个小问题，他都能就此写一篇论文。当时，对于一个二流的物理学家来说，很容易做出一流的工作。此后，再也没有一个如此辉煌的时代了。[25]

J. J. 汤姆逊在威斯特敏斯大教堂为纪念瑞利勋爵所做的讲话，是颇值得注意的。他说：

> 有一些科学巨匠的魅力在于他们对一个课题首先做出了说明，在于他们提出了以后被证明是很有成效的新思想。还有一些科学巨匠的魅力也许在于他们完善了某一课题，使它变得具有连贯性和明确性。我认为瑞利勋爵属于第二类。[26]

J. J. 汤姆逊的这种评论有时被认为是一语双关。但是人们可以得出这样的结论：瑞利在气质上更愿意致力于艰难的问题，而不满足于做狄拉克所说的"第二流的物理学家能做出第一流的工作"的物理学"辉煌时代"的游戏。

上述有关瑞利气质的结论，又引出了另一个问题：当一个科学家已取得名望之后，他继续追求科学的原因是什么呢？这些原因在多大程度上带有个人的动机呢？在多大程度上与美学标准（如秩序和图案、形式和内容的直觉感受）有关联呢？美学标准和个人动机是相互排斥的吗？责任感起作用吗？我所说的责任不是通常意义上所说的某人对他的学生、同事及他的社会所承担的责任，而是说对科学本身的责任。那么，为科学而追求科学时，责任的真正含义又是什么呢？

让我最后再讲讲另一侧面。哈代在结束《一个数学家的自白》这篇文章时，用了下面这样一段话：

> 我一生的经历，或者说与我有相同经历的任何数学家的一生经历是：我给知识增添了一些东西，同时又帮助他人给知识增添了更多的东西；这些东西的价值与伟大数学家们的创造性价值相比，或者与那些在身后留下了某种纪念的或大或小的艺术家们的创造性价值相比，只有程度上的不同，没有性质上的不同。[27]

哈代的叙述是针对数学家而言的，但它同样适于所有的科学家。我希望你们特别注意他所指的给后人留下一些纪念，正是后人能够据以做出判断的东西。那么，后人的判断——科学家本人永远也不会知道的东西——在多大程度上也是科学家追求科学的一种有意识的动机呢？

IX

　　对科学的追求常被比喻成攀登一座很高但又不是高不可攀的山峰。我们当中有谁能够奢望（即使是在想象中），在一个晴朗无风的日子里去攀登珠穆朗玛峰并达到它的顶点，在宁静的空中，纵览那在雪中白得耀眼的一望无涯的喜马拉雅山脉呢？任何人都不可能奢望看到自然界和宇宙的上述情景。但是，仅仅站在峡谷的底端等待着太阳越过干城章嘉峰，也未免太俗不可耐了。

注释

[1]　Letter to Masetlin, 16 - 26 February 1599, in *Johannes Kepler gesammelte Werke*, ed. w. von Dyck and M. Caspar (Munich, 1938), 13:289 (hereinafter cited as *Gesammelte Werke*). Quoted in Arthur Koestler, *The Sleepwalkers* (London : Hutchinson, 1959), p.278.

[2]　Letter to Herwart, 12 July 1600, *Gesammelte Werke* 14 : 218 (Koestler, p.104).

[3]　Kepler, *Astronomia nova*, *in Gesammelte Werke*, vol.3, dedication (Koestler, p.325).

[4]　Letter to Heyden, October 1605, *Gesammelte Werke*, 15 : 231 (Koestler, p.345).

[5]　Letter to D. Fabricius, 1 October 1602, *Gesammelte Werke*, 15 : 17 (Koestler, p.345).

[6]　Kepler, *Astronomia nova*, chap.40 (Koestler, p.327).

[7]　Kepler, *Astronomia nova*, chap.44 (Koestler, p.329).

[8]　*Gesammelte Werke*, 15 : 314 (Koestler, p.333).

[9]　*Gesammelte Werke*, 16 : 373 (Koestler, pp.394 - 395).

[10]　*Gesammelte Werke*, vol. 1, chap.21 (Koestler, p.260).

[11]　Ibid., note 7.

[12]　Max Brod, *The Redemption of Tycho Brahe* (New York : Knopf, 1928), p.157.

[13] When he wrote *The Redemption of Tycho Brahe* , Max Brod was a member of the small circle in Prague that included Einstein and Franz Kafka. Brod 's portrayal of Kepler is said to have been influenced by his association with Einstein. Thus , Walter Nernst is reported to have said to Einstein : " You are this man Kepler. " see Philip Frank , *Einstein : His Life and Times* (New York : Knopf , 1947), p.85.

[14] Dorothy Michelson Livingston , *The Master of Light : A Biography of Albert A. Michelson* (Chicago : University of Chicago Press , 1974), p.334.

[15] A. Eddington , Dublin Institute of Advanced Studies A , 1943 , p.1.

[16] P. A. M. Dirac , " Recollections of an Exciting Era. " in *History of Twentieth Century Physics* , Proceedings of the International School of Physics , " Enrico Fermi " (New York : Academic Press , 1977), pp.137-138.

[17] A. Pais , *Subtle is the Lord* (New York : Oxford University Press , 1982), p.178.

[18] S. Chandrasekhar , *Enrico Fermi : Collected Papers* , 2 vols. (Chicago : University of Chicago Press , 1962), 2 : 926 - 927.

[19] W. Heisenberg , *Physics and Beyond : Encounters and Conversations* (New York : Harper & Row , 1971), p.61.

[20] E. Heisenberg , *Inner Exile* , trans. S. Cappellari and C. Morris (Boston : Birk Häuser , 1984), p.143.

[21] Ibid. , pp.143-144.

[22]　Ibid. , p.157.

[23]　H. Yukawa , *Tabibito*（The Traveler）（Singapore : World Scientific Publishing , 1982）, p.207.

[24]　J. G. Crowther , *British Scientists of the Twentieth Century* （London:Routledge & Kegan Paul , 1952）, p.194.

[25]　P. A. M.Dirac , *Directions in Physics*（New York:Wiley , 1978）, p.7.

[26]　R. J. Strutt , 4 th Baron Rayleigh , *Life of John WIlliam Strutt , Third Baron Rayleigh , O. M. , F. R. S.*（Madison : University of Wisconsin Press , 1968）, p.310.

[27]　G. H. Hardy , *A Mathematician 's Apology*（Cambridge : Cambridge University Press , 1967）, p.151.

第 3 章
诺拉和爱德华·赖森讲座
莎士比亚、牛顿和贝多芬：
不同的创造模式（1975）

对弥尔顿（Milton）的贬抑性批评，艾略特（T. S. Eliot）曾这样说，"只有他那个时代最有才能的诗人的裁决"才能令他折服。十年以后，也许是因为情绪比较好，他补充道："在文学评论领域内，学者和作家应该相互取长补短。如果作家多少有点学问，他的批评肯定会更好；如果学者多少能体验到遣词造句之困难，那么他的批评也肯定会更妙。"按照同样的标准，任何人如果敢于大胆地探索艺术工作者和科学工作者的不同创造模式，那么他一定是一个艺术领域及科学领域的实干家，同时也一定是一个学者。若仅仅是科学领域或艺术领域的工作者，那是不够的。我是一个在自然科学的某个小巷里独自游荡的流浪汉，对周围世界知之不多，但竟然向自己提出了一个包括艺术和科学的问题，这肯定使我力不从心，因此，首先我请求你们要有耐心。

考虑到各人的兴趣、气质、悟性的千差万别，我们会问：我们能够辨别艺术工作者和科学工作者创造模式的主要差异吗？我想，这个问题可以用下述方法探讨：首先，考察莎士比亚、牛顿和贝多芬的创造模式，他们在各自的领域内都达到了人类成就的顶峰，这是举世公认的，然后从这些成就辉煌的创造模式的异同中，寻求对个别情况行之有效的更普遍的结论。

I

我先从莎士比亚谈起。

同伊丽莎白女王一世时代所有人受的教育一样，莎士比亚受的教育很少。虽然这些教育使莎士比亚感到心满意足，但是莎士比亚从来没有信服过他学到的知识。下面两段话清楚地表明了这一点：

> 死啃书本，终无所获，
> 引经据典，吓唬别人。

或：

> 噢，学问，鬼才知道是什么玩意！

虽然如此，1587年，当23岁的莎士比亚到达伦敦时，他没有像洛奇、基德那样有利的社会背景；也没有皮尔、李里、格林、马洛、纳什[1] 在牛津或剑桥大学镀金多年的优势。毋庸置疑，莎士比亚敏锐地意识到了自己的短处和不足，于是他只有通过各种渠道阅读和吸收知识来弥补自己的不足。霍林斯赫德（Holinshed）的《英格兰、苏格兰、爱尔兰历史》第二次修订本的出版，对莎士比亚来说正是时候，这鼓舞他去创作即将问世的历史剧。

---

1. 洛奇（T. Lodge，1558—1625），英国诗人及剧作家；基德（T. Kyd，558—1594），英国剧作家；皮尔（G. Peele，1558？—1597？），英国剧作家；李里（J. Lyly，1554—1606），英国作家；马洛（C. Marlowe，1564—1593）英国剧作家；格林（R. Greene，1560—1592）英国剧作家；纳什（T. Nashe，1567—1601），英国讽刺作家，剧作家及小说家。——译者注

到1592年时，莎士比亚已写成了《亨利四世》的三个部分和他的早期喜剧：《错误的喜剧》《爱的徒劳》和《维洛那二绅士》。那年，这些剧本的成功遭到了罗伯特（Robert）、格林的恶毒攻击。格林比莎士比亚大6岁，那时他已是伦敦文学领域内几个显赫的人物之一。格林的攻击之作是他死后才出版的。他死得太早了一点，死因是由于一次致命的晚宴，据说是由于"莱茵酒和腌鲱鱼"。死后他的文章是他"留下的一颗定时炸弹"。攻击之词中有这样一段：

> 有一只突然飞黄腾达的乌鸦，用我们的羽毛装饰打扮起来，他的"演员的外表下包藏着一颗虎狼之心"，他自认为像你们中的佼佼者一样，可以挥笔写出无韵诗。他是个地道的"打杂儿"，却妄自认为是国内独一无二的"全才"。

格林的攻击清楚地表明，他把莎士比亚看成一个局外人、一个入侵者。莎士比亚没有大学学历，因此他不属于贵族圈子里的人。

尽管早期取得了一些成功，但对莎士比亚来说，他仍然只是一个演员和一个写剧本的人而已，又因为瘟疫时常发生，伦敦的剧院也因此经常关闭，生活充满着不安定。但从1590年起，情况大为改观，莎士比亚找到了一个庇护人，一个朋友，还得到了爱。

莎士比亚的庇护人是年轻的南安普敦伯爵（Earl of Southampton），他在1591年才成年。随后的4年中，莎士比亚对南安普敦的强烈感情，对于他的艺术发展和为他所展现的机会是有决定性意义的。莎士比亚的天才发挥得淋漓尽致，爆发出空前的创造力。除上面提到的剧本外，他还写了《威尼斯商人》《驯悍记》和《理查三世》。献给南安普敦伯爵的两首精采的叙事诗《维纳斯与阿都尼》《鲁克丽丝受辱记》，也是这一时期的作品。

在1592年到1595年间，莎士比亚写了许多十四行诗，作为对南安普敦伯爵保护之恩的报答。《十四行诗》比他的其他作品更具有自传性质，它们使我们得以明白莎士比亚对自己和对他的艺术的态度；同时也可以让人们看出，他依赖南安普敦的友谊和庇护的程度。

莎士比亚和南安普敦友谊的历程并不平坦，这是因为他们的年龄、地位存在着差异 —— 一个是诗人，一个是贵族庇护人；此外，还有莎士比亚的情人 —— 十四行诗中的"黑女人"引起的纠葛，她撇开了莎士比亚，转向了容易动情的伯爵。在十四行诗中，莎士比亚倾泻了他强烈而真挚的感情：

> 当我受尽命运和人们的白眼，
> 暗暗地哀悼自己的身世飘零，
> 徒用呼吁去干扰聋聩的昊天，
> 顾盼着身影，诅咒自己的生辰。(29)[1]
>
> 为抵抗那一天，要是终有那一天，
> 当我看见你对我的缺点蹙额，

---

1. 本节所有十四行诗的译文均引用人民文学出版社出版的《莎士比亚全集》十一卷上的译文（1988），特此申明，并表示感谢。——译者注

当你的爱已花完最后一文钱，

被周详的顾虑催去清算账目；

为抵抗那一天，当你像生客走过，

不用那太阳 —— 你眼睛 —— 向我致候，

当爱情已改变了面目，

要搜罗种种必须决绝的庄重的理由；

为抵抗那一天我就躲在这里，

在对自己的恰当评价内安身，

并且高举我这只手当众宣誓，

为你的种种合法的理由保证：

    抛弃可怜的我，你有法律保障，

    既然为什么爱，我无理由可讲。(49)

    他们的关系，至少在莎士比亚看来，已到了非常脆弱的程度，莎士比亚甚至想到了死：

我死去的时候别再为我悲哀，

当你听见那沉重凄惨的葬钟，

普告给全世界说我已经离开，

这龌龊世界上去伴最龌龊的虫；(71)

    莎士比亚还感到，如果失去了南安普敦的爱，他的生命也将无法存在，生命与友谊同生死、共存亡。

但尽管你不顾一切偷偷溜走，

直到生命终点你还是属于我。

生命也不会比你的爱更长久，

因为生命只靠你的爱才能活。

因此，我就不用怕最大的灾害，

既然最小的已足置我于死地。

我瞥见一个对我更幸福的境界，

它不会随着你的爱憎而转移；

你的反复再也不能使我颓丧，

既然你一反脸我生命便完毕。

哦，我找到了多么幸福的保障：

幸福地享受你的爱，幸福地死去！

　　但人间哪有不怕玷污的美满？

　　你可以变心肠，同时对我隐瞒。（92）

　　尽管这种含糊的话在十四行诗里经常出现，但莎士比亚对前途充满信心的话，也时而在他的诗中喷薄而出。在著名的第55首十四行诗中，他的激情流露得酣畅感人：

没有云石或王公们金的墓碑，

能够和我这些强劲的诗比寿；

你将永远闪耀于这些诗篇里，

远胜于那被时光涂脏的石头。

当这残暴的战争把铜像推翻，

或内讧把城池荡成一片废墟，

> 无论战神的剑或战争的烈焰，
>
> 都毁灭不了你的遗芳的活历史。

　　同时，南安普敦的另一个被庇护人马洛，作为一个危险的敌手出现了。为了抵消莎士比亚的《维纳斯与阿都尼》一诗的影响，马洛写下了他的诗作《希罗和李安德》。莎士比亚承认了马洛的优势，并对这一敌手表示出了某种不安：

> 哦，我写到你时多么气馁，
>
> 得知有更大的天才利用你的名字，
>
> 他不惜费尽力气去把你赞美，
>
> 使我钳口结舌，一提起你的声誉！
>
> 但你的价值，像海洋一样无边，
>
> 不管轻舟或艨艟同样能载起，
>
> 我这莽撞的艇，尽管小得可怜。
>
> 也向你茫茫海心大胆行驶。
>
> 你最浅的滩濑已足使我浮泛，
>
> 而他岸然驶向你万顷汪洋；
>
> 或者，万一覆没，我只是片轻帆，
>
> 他却是结构雄伟，气宇轩昂：
>
> 　　如果他安全到达，而我遭失败，
>
> 　　最不幸的是：毁我的是我的爱。(80)

　　1593年马洛在一次不幸的殴斗中死去，莎士比亚曾在《皆大欢喜》中借试金石的口说：

要是一个人的诗不被人懂，他的才情也得不到应有赏识，那比小客栈里开出一张大账单来还要命。

在同一剧本中，莎士比亚给马洛做了不寻常的赞颂，称他为"谢世的牧羊人"，还引用了马洛的诗句：

哪个情人不是一见钟情？

不久，莎士比亚与"黑女子"的不幸插曲也结束了：

最反复是我；
我对你的一切盟誓都只是滥用，
因而对于你已经失去了信约。（152）

在有关南安普敦组诗的最后一首十四行诗中，莎士比亚表现了胜利者的喜悦：

不，请让我在你的心里长保忠贞，
收下这份菲薄但由衷的献礼，
它不掺杂次品，也不包藏机心，
而只是你我间相互致送诚意。（125）

是的！"菲薄但由衷"，"不掺杂次品"和"只是你我间"。

1594年，南安普敦伯爵给了莎士比亚大约100英镑，作为张伯伦勋爵公司创建的一份股金。由于未来有了保证，莎士比亚原有的勇气被激发出来，天才也成熟了。这一年，他写出了《仲夏夜之梦》，这是他的第一部伟大杰作。不久《罗密欧与朱丽叶》《皆大欢喜》《无事生非》相继写成。接着，莎士比亚再次转向历史剧，写出了《约翰王》《亨利四世》上、下篇和《亨利五世》。在所有这些历史剧中，只有一个英雄，那就是英格兰；而且在这些剧本中莎士比亚生动表现了"那个时代的真实面貌"。

许多人认为《亨利四世》上、下篇是莎士比亚历史剧的顶峰。由于福斯塔夫（Falstaff）[1] 的形象深深印入了人们的脑海中，它们理所当然地是最好的戏剧。有人说："福斯塔夫进入英国文学的同时，堂吉诃德进入了西班牙文学，但他们进入的方式截然不同。"

莎士比亚成果最大的是他的"中年时期"，它开始于《仲夏夜之梦》，结束于《汉姆雷特》（1600 — 1601）。

在《汉姆雷特》中，莎士比亚表达了他的戏剧思想，也表达了他对正在兴起的敌手本·琼生[2] 以及黑僧剧院（Blackfrjar 's theater）重视机智和时尚戏剧的反应。我们发现汉姆雷特在对演员的指令中（剧中之剧）这样说：[3]

---

1. 福斯塔夫是《亨利四世》剧中一个塑造得极成功的人物。他是亨利四世皇太子的一个骑士，胆小如鼠又气壮如牛，纵情酒色又机智幽默，只要有机会就想大捞一把。但皇太子继位成了亨利五世后，他对福斯塔夫严加斥责，并把他赶出朝廷。——译者注
2. 本·琼生（Ben Jonson, 1573 ？ — 1637），英国戏剧家及诗人。——译者注
3. 下面两段汉姆雷特的台词，借用朱生豪先生的译文（见《莎士比亚全集》9 卷，第 67 — 68 页）。——译者注

任何过分的表演都是和戏剧的原意相悖的，自有戏剧以来，戏剧的目的始终是反映自然，显示善恶的本来面目，给它的时代看一看它自己演变发展的模型。

莎士比亚在这里主张"时代的风貌"能通过戏剧表现出来——的确他已在历史剧中表现了他自己的时代。

下面一段话也许有告诫本·琼生和"革新者"的暗示：

啊！我顶不愿意听见一个披着满头假发的家伙在台上乱嚷乱叫，把一段感情片片撕碎，让那些只爱热闹的低级观众听了出神，他们中间的大部分是除了欣赏一些莫名其妙的手势以外，什么都不懂……

啊！我曾经看见几个伶人演戏，而且也听见有人为他们极口捧场，说一句比喻不伦的话，他们既不会说基督徒的语言，又不会学着基督徒、异教徒或者一般人的样子走路，瞧他们在台上大摇大摆，使劲叫喊的样子，我心里就想一定是什么造化的雇工把他们造了下来：造得这样拙劣，以至全然失去了人类的面目……

啊！你们必须彻底纠正这一弊病。

在继《汉姆雷特》后的两个剧本《终成眷属》和《一报还一报》中，有证据表明，那时莎士比亚的精神已处于崩溃的边缘。他不再对人和事物抱有幻想——也许这时的心情最适宜写伟大的悲剧。正如以研究伊丽莎白一世和莎士比亚而著名的学者罗斯（A. L. Rowse）所说，

伟大的悲剧 " 显示了他精神极度的紧张和身心交瘁 "; 他还写道：

> 像所有的有意义的工作一样，我们的研究只能放在一
> 些重点上，要么专门研究文学的一面，要么其他一些个人
> 问题…… 如果莎士比亚想和他的敌手本·琼生比个高低，
> 那他就必须在悲剧上比试比试。在创作悲剧这方面，他做
> 出了最可贵的努力，他的才能施展到最大限度，这样，作
> 为一个作家他完成了他的使命…… 有足够的证据表明：
> 作为一个作家他并不是不在乎他的名誉和成就，他的雄心
> 远不止于此。于是问题转了一个圈子后只能认为，他的工
> 作实际是出于他个人的考虑。

当莎士比亚作品完成后，本·琼生只能将他与伟大的悲剧作家埃
斯奇勒斯、沙孚克里斯和尤里皮蒂[1] 相比较。

1604 — 1608年，《奥赛罗》《李尔王》《麦克白》《安东尼与克里
奥佩特拉》和《科利奥兰纳斯》相继问世。这些伟大的剧本简直让人
感到震惊，它们彼此之间完全不同，没有持续的灵感，是不可能接连
写出这么多伟大剧作的。

黑兹里特[2] 对这些悲剧的概括是：

---

1. 埃斯奇勒斯（Aeschylus，528 B. C. — 456 B. C.），希腊悲剧诗人；沙孚克里斯（Sophocles，495 B. C.? — 406 B. C.?），古希腊三大悲剧作家之一；尤里皮蒂（Euripides. 480 B. C.? — 406 B. C.?），希腊悲剧作家。—— 译者注
2. 黑兹里特（W. Hazlitt，1778 — 1803），英国散文作家。—— 译者注

　　《麦克白》《李尔王》《奥赛罗》和《汉姆雷特》通常被认为是莎士比亚的四部主要悲剧著作。《李尔王》表现了深厚强烈的感情；《麦克白》表现了行动的敏捷和想象的奔放；《奥赛罗》表现了情感的渐进和急剧变更；《汉姆雷特》表现了思想和感情微妙的发展。如果说天才的力量在这些剧本中的每一个剧本里都表现出来，是一件令人惊诧的事情的话，那么它们的变化多端也绝不逊色。它们好像是出自同一头脑中的不同创造，它们之间找不到一丝一毫的关联。这种特征和创造性，的确是真理和天性的必然结果。

　　黑兹里特没有把《安东尼与克里奥佩特拉》算在伟大的悲剧之中，但今天许多人认为它同样伟大。艾略特曾对《安东尼与克莉奥佩特拉》做过极为敏感的分析，他说：

　　　　这是一部为成熟演员和成熟观众写的戏剧，乳臭未干的少男少女们，不管他们是演员还是观众，都不能领悟到这些中年恋人的感情……《安东尼与克里奥佩特拉》的成功之处就在于，在生活的同一侧面将英雄和可怜虫有机地融合在一起。马洛似乎也能使他的人物形象同样高贵。德莱顿[1]后期的剧本中，其主题也几乎是同样的。但只有莎士比亚能使他们不但高贵而且还有人类的软弱，没有人类的软弱就没有悲剧的可怕和伟大，而究其原因，就在于莎士比亚学会了用诗的语言去表达事物，而其他人甚至用散

1.德莱顿（J. Dryden, 1631—1700），英国诗人及剧作家，1670—1688为桂冠诗人。——译者注

文也表达不了它。

有人认为，继伟大的悲剧之后创作的剧本《雅典的泰门》《泰尔亲王配力克里斯》和《辛白林》都显示出了心情紧张后的疲劳。正如A. L. 罗斯评论说："这些年似乎有一个间歇停顿，看来真是如此。"但是艾略特表示了相反的意见：

> 越是后面的戏，写起来难度越大。在谈到和听到《安东尼与克里奥佩特拉》时，我们的惊诧程度在许多地方可以用下面的话表达出来："我从来没想到那可以用诗的语言表达出来。"对后面的几个剧本，我们在惊奇的时刻，可以恰当地这样说："我们从来没有想到那样的事能完全表达出来。"最后的几个剧本，我指的是《辛白林》《冬天里的故事》《泰尔亲王配力克里斯》和《暴风雨》。在这些剧本中，莎士比亚为了给我们展现更深邃的感情世界，已经放弃了平常的现实主义……

无论怎样，莎士比亚的最后三部剧本《冬天里的故事》《暴风雨》和《亨利八世》，更易于理解。至少，莎士比亚本性所具有的自信、沉着得到了进一步的证实。《冬天里的故事》是一部非常美丽和感人肺腑的戏剧。黑兹里特称它为"我们戏剧作家写出的最杰出的剧本之一"。同时，研究莎士比亚的某著名学者写道："《冬天里的故事》是无可挑剔的，甚至无法用语言称赞它。"

在最后第二部剧本中，莎士比亚曾设法寻找一些新鲜的东西，以

解决一个深奥的主题，这一主题至今仍困惑着我们，那就是他塑造的
凯利班[1] 这一形象。可以说他为我们具体描述了当今的一个中心问题。
但是《暴风雨》中所表现的情绪，已一去不复返了。

> 我们的狂欢已经终止。这些演员，
> 我曾经告诉过你，原是一群精灵；
> 他们都已化成烟雾而消散了：
> 如同这虚无缥缈的幻景一样，
> 入云的楼阁，瑰伟的宫殿，
> 庄严的庙堂，甚至地球自身，
> 所有这一切都将同样消散，就像这一场幻景，
> 连一点烟云的影子都没有留下。

　　莎士比亚的最后一部剧本终于又回到以英格兰为背景的历史剧
中去了。他的历史剧，从《亨利五世》和《理查三世》开始，最后以
《亨利八世》和伊丽莎白的出世告终。大主教坎特布里总结性的演讲
一开始就这样祈祷：

> 这位皇室的公主——愿上帝永远在她周围保护
> 她——
> 虽然还在襁褓，已经可以看出，
> 会给这片国土带来无穷的幸福……

1.凯利班（Caliban），《暴风雨》中的一个人物，他是一个丑陋、野蛮而残忍的奴隶。——译者注

这是伊丽莎白时代到来的预言。它提供给莎士比亚一个赞颂女王的极好机会。在女王1603年逝世的时候，他没有献上他的颂词，现在有机会总结伊丽莎白时代的特征了。正如A. L. 罗斯在他的《莎士比亚传》的结尾写的那样：

　　这也是莎士比亚的结局，像一条色彩斑斓的巨蛇蜷曲着身子，闪闪发光 —— 象征智慧与永生 —— 他的著作等身，完美超群。

本·琼生的颂词曾预言：

　　他不属于一个时代，而是属于一切时代。

这里我援引两位当代作家的话，作为本小节的结束语。

弗吉尼亚·伍尔芙[1]冥思苦想一番后，怎么也想不出莎士比亚是如何"遣词造句"的，她在她的日记中写道：

　　以我们对文学的理解来评断，我可以说莎士比亚完全超越了文学。

艾略特把莎士比亚概括为：

---

1. 伍尔芙（Virginia Woolf，1892 — 1941），英国女作家。—— 译者注

　　　　莎士比亚的准则就是从始到终持续不断地发展，在每
　　一部戏剧中，戏剧的情节和诗一般的技巧的发展，似乎越
　　来越由莎士比亚的感情状态支配，而其感情状态又由当
　　时情感成熟的具体情况决定……我们可以毫不犹豫地说，
　　他的每部剧本的全部意义并不仅限于它自身，要了解某一
　　剧本的全部意义，必须知道该剧本是什么时候写的，它和
　　莎士比亚其他剧本以及前后剧本的关系如何。我们要想了
　　解莎士比亚的任何一本剧作，就必须知道他的全部著作。
　　当时没有一个戏剧作家能达到这样完美的境界……

　　莎士比亚事业的发展是如此令人惊异，像《汉姆雷特》一样，它
可以触动绝大部分人的心灵最深处的情感，并诱发出无比丰富的想象。
把莎士比亚的工作和某一自然规律相对应的话，它就像彗星向地球靠
近然后又渐渐地离开。莎士比亚也是渐渐地离开人们的视野，直到消
失在他个人的神秘世界之中。

II

　　现在，我以更不安的心情来谈论贝多芬。由于我在音乐方面没有
什么造诣，谈论他会更感到吃力。

　　贝多芬1792年到维也纳时，已有22岁，他当时一定非常谨
慎。他拜海顿（Haydn）、申克（Schenk）、阿尔布雷希特贝格尔
（Albrechtsberger）和萨利埃瑞（Salieri）为师。我们可以猜测，当初
他是想从他们身上学到一些东西。他清楚地注意到他从他们那儿学到

的东西，并不能改变他自己的音乐思想，因而，一旦他发现他在钢琴上即兴演奏作品的高超技巧能胜过维也纳的每一位音乐家时，他就忍不住了，甚至有时还表现出一种挑战的意味。这样，当海顿轻视他的三个三重奏中的第一个三重奏作品1号时，贝多芬认为这恰恰证实了自己的看法，即它是三个中最好的一个，海顿的轻视是由于嫉妒和怨恨。

这时，贝多芬渴望得到伟大的声誉，他似乎毫不怀疑自己的超群才能足使他免遭所有不幸。他的这一态度在他给冯·策斯卡尔（Von Zmeskall）的信中表现得十分清楚。

> 见鬼去吧！我对你的整个道德体系不屑一顾。能力就是出类拔萃者的道德，这也是我的道德。

这种极端的自信，就来自于这种力量道德观，它注定使他遭受最大的痛苦和磨难。

当他28岁时，第一次耳聋的症状出现了。对听力减退最初的反应是感到痛苦，不时显得暴躁不安。3年以后，他写信给阿芒达牧师（Karl Amenda）说：

> 你的贝多芬遭到了非常的不幸，和大自然的造物主发生了争吵。我常常诅咒造物主，他常常毫无缘由地将他创造的东西遗弃，以致最美丽的花蕾因此常常被糟踏、凋谢了。你只要想一想，我最高贵的部分，我的听觉，大大地衰退了，这是多么可怕的事！

但他的意志并没有消沉，他继续说道：

> 我决心扫除一切障碍……我相信命运不会抛弃我，我恐怕需要充分估量自己的力量……我将扼住命运的喉咙。

我们从他在1802年写的著名的埃林耿希泰脱（Heiligenstadt）[1] 遗嘱中，可以很好地了解当时贝多芬的精神状态。这个遗嘱在他死后，才在他的手稿中发现。遗嘱是如此坦诚，我真想写出它的全部内容，但下面的一段已足够说明一切：

> 每当我旁边的人听到远处的笛声而我听不见时，或他们听见牧童歌唱而我一无所闻时，真是何等地屈辱！这种体验几乎使我完全陷于绝望：我差一点想结束自己的生命——是艺术，仅仅是艺术把我从死亡线上唤回。啊！在我尚未把我感到需要谱写的每一乐章完成之前，我觉得不能离开这个世界。

贝多芬承认他曾打算自杀，正是他未完成的艺术这一力量挽救了他，这种力量在20年后得到了反响：

> 我作为一个普通的人，仅仅为我的艺术和未完成的职责而活着。

---

1. 埃林耿希泰脱是维也纳近郊的一个小镇，贝多芬曾在此短期住过。——译者注

很显然，贝多芬早期力量道德伦理观，随着他的耳聋而土崩瓦解了。但是，它像一只长生鸟又再生了，只有靠着它才能使他的创造力得以实现。这样，到1807年他又写出了他的第三首《拉苏莫斯基》弦乐四重奏。他似乎已经完全从折磨中恢复过来，我们在作品旁的空白处看到：

即使对于艺术，也不必再对它掩饰你的耳聋……

大家都认为，和命运做斗争的宏伟场面，在他的《第五交响曲》里表现得最淋漓尽致。

这段"中年期"的高强度创作大约持续了10年。到40岁出头时，贝多芬已谱写了8首交响曲，5首钢琴协奏曲，1首小提琴协奏曲，25首钢琴奏鸣曲，11首四重奏曲，7首序曲，1部歌剧，1首弥撒曲。贝多芬在取得辉煌成就后，从42岁起有7年没有创作。这一定是他在沉思、反省。继沉寂时期而来的成果，也许在音乐史上是绝无仅有的。

从1801年的《第一交响曲》到1812年的《第八交响曲》，在本质上是同一个贝多芬，一个常人所能理解的贝多芬。但是贝多芬的《第九交响曲》、《D大调庄严弥撒》、最后4首钢琴奏鸣曲，尤其是最后5首四重奏，所有这些则完全是另一个贝多芬。贝多芬的学生，切尔涅（Czerny）就不能理解他这一时期的音乐，他试图把它归结于贝多芬的耳聋。

贝多芬的第三种风格起始于他逐渐耳聋的时期……

这导致他最后三部钢琴奏鸣曲的独特风格⋯⋯出现了许多不协调的和音⋯⋯

根据各方面综合考虑,贝多芬最后几部四重奏是他成就的"珠穆朗玛峰",下面的说法再典型不过了:

它们是无与伦比的。

它们是无法用语言描述和分析的。

最后几首四重奏是独一无二的,对贝多芬来说是独一无二的,在所有的音乐中也是独一无二的。

但一定有许多人会这样说:没有人能说出这些四重奏的真正含意,我们仅能确信的是,它们表达的思想境界在其他任何地方都不能找到。用描述牛顿思想的名言,"有如独自穿过陌生的思想海洋"来描述最后时期的贝多芬的思想,再恰当不过了。

F大调四重奏第十六号是贝多芬最后完成的作品,它为贝多芬伟大的一生提供了一个辉煌的结尾。对于这首四重奏,J. W. N. 沙利文这样评价道:

这是一个极度宁静的人所创造的作品,这是一个曾搏击长空但如今一切已成往事的人所拥有的宁静。这一特点最充分地显示在他最后一个乐章的主题句上:"一定是这样吗?一定是!"

回顾贝多芬的生活和创作，沙利文这样概括道：

> 要想了解贝多芬，最有意义的事实之一就是他的工作自始至终都是在有机地发展着……贝多芬创作的最伟大的乐曲是最后几首四重奏，从后往前看，每十年，他的音乐都较前十年有更大的进步。

这一概括和我们前面援引的艾略特对莎士比亚的概括有异常相似之处。莎士比亚、贝多芬两人早年克服生活危机的方式，他们不断成熟的思想，他们的创作和全部生活的有机结合，他们生命后期的伟大杰作，甚至在《暴风雨》和四重奏16号中显示出的告别心情，所有这些，的确有惊人的相似之处。

Ⅲ

现在来谈牛顿。

伊萨克·牛顿，一个遗腹子，于1642年圣诞节那天降临人世，凯因斯（M. Keynes）曾贴切地写道："这是最后一个奇婴，东方圣人也得向他致以真诚而恰如其分的敬意。"[1]

牛顿生活中最引人注目的事件就是他突然爆发出的天才。儿时的他不是一个神童，当他1661年去伦敦剑桥的时候，可能除了基本的算

---

1. 参见《新约》马太福音第2章的第1和7-13节。——译者注

术之外，他知道得很少。不要忘记，那时与伽利略、开普勒、笛卡儿等人名字有关联的科学思想的新轮廓，还没有在剑桥和牛津引起人们的重视。然而，到1664年牛顿22岁时，他的天才似乎已经含苞欲放了。牛顿晚年回忆说，他"在这个时候（1664—1665）发现了无穷级数方法"。事实上，牛顿写出了一些摘记，后来成为一篇连贯的论文，题目是"无穷多项式的分析"，并答应巴罗把它送给柯林斯（Collins）。并约定，无论如何都不署他的名。这个约定后来收回了，但我们在这儿第一次看到了牛顿的一种秉性，这一秉性伴随牛顿终生。

1665年夏，由于瘟疫流行，剑桥大学停课，许多人被疏散出城。牛顿回到伍尔兹索普，这时他的天才像鲜花一般盛开。在科学思想史上，这是无可超越的一段时期。但是直到许多年以后，整个世界才知道牛顿在伍尔兹索普的两年间干了些什么。

在伍尔兹索普，23岁的牛顿在科学上做出了三大发现：微积分、光的色散和万有引力定律。在他逝世之前写的回忆中，关于引力定律的发现他是这样写的：

> 同年（1666），我开始考虑把地心引力延伸到月球轨道上……推导出使行星保持在它们的轨道上的力，必定与它们到回转中心的距离的平方成反比。由此，我比较了使月球保持在它的轨道上所需要的力与地面上的重力，并发现答案相当吻合，这一切是在1665和1666这两个疫症年代进行的，因为那些年代是我发现、思考数学和哲学的最佳年华。

首先，我们应注意到他说的"……那些年代是我发现、思考数学和哲学的最佳年华"。其次应注意到"答案相当吻合"这一关键词，它说明，他当时已经发现的月球在轨道上的加速过程，与根据平方反比定律推演出地面上物体的加速过程，即苹果下落过程，这两者是相当稳合的。牛顿似乎并不急于要进一步证明他预言的"答案"与实际"相当吻合"。的确，在发现自然界这样一个基本的定律过程中，他并未感到特别兴奋。事实上，后来有10年之久他完全没有考虑这一事件。

牛顿1667年初重返剑桥，1669年由于巴罗教授的推荐，接替了卢卡锡数学讲座教授的职务。

他回到剑桥后不久，牛顿完成了令他满意的光的色散的实验研究，并设计制造了第一台消除色差的反射望远镜，因为当时的折射望远镜总是存在色差。但是，他把这些研究成果压了几年才发表。

牛顿根据新的原理制造出望远镜的消息不胫而走，人们迫切要求牛顿在皇家学会上展示这一望远镜。据说牛顿当时送去了两架望远镜，第二架在1671年的皇家学会上展出过。

1672年，牛顿被选为皇家学会的会员。或许是由于这一原因，牛顿答应了当时任皇家学会秘书的奥顿伯格（Oldenburg）的要求，在学会上介绍了他的发现，尤其是制造反射望远镜所依据的原理。在给奥顿伯格相继的两封回信中，牛顿写道：

　　我将以我卑薄的努力促进你们哲学计划的实现，并以

此证明我竭诚的谢意。（1672 年 1 月 6 日）

在第二封信中，牛顿建议报告他的光学发现，而不是对望远镜的描述，他写道：

> 让我讲解一个我不怀疑并且可以证实的哲学发现……而不是描述那架仪器，这将使我感到更加荣幸；在我看来，如果那不是迄今对自然的演变所做的最重要的发现，也是最有趣的发现。（1672 年 1 月 18 日）

我应提醒读者注意"如果不是最重要的发现，也是最有趣的发现"这些话。这是牛顿第一次也是唯一的一次表达了他对自己的发现的热情。但是，当牛顿发表了关于光的色散实验的解释后，随之而来的却是一场灾难：一场激烈的论战爆发起来了。牛顿对那些批评者的无能，感到不可容忍的恼火，他们甚至对他已经用实验证明了的结论都不理解。缺乏理解是显而易见的，例如，惠更斯学派，甚至惠更斯本人都坚持认为："用力学原理解释颜色组成的多样性，还存在相当大的困难，即使假定牛顿的关于白光分解为各色光的观点是正确的，这一困难仍然存在。"

起初，牛顿试图通过阐明他的方法去说服论战的对手：

> 最好和最安全的哲学研究方法似乎首先应该孜孜不倦地探究事物的性质，并通过实验确定事物的性质，然后通过相当慢的过程提出假说去解释他们。假说只是帮助解释

事物的性质而不是确定它们，除非可以用实验去证明。

附带说一句，我们也许注意到，这里牛顿已经道出了他后来正式提出的著名的格言：

> 我不杜撰假说。

牛顿未能从方法上说服他们。从此，他对科学出版、讨论、争论感到厌恶。他写信给奥顿伯格说：

> 我已经够了，因此决定今后只关心自己，而不再关心促进哲学计划的实现。（1672年12月5日）
>
> 我觉得我成了哲学的奴仆，一旦我从林纳斯（Linus）先生的事务中解脱出来，我将彻底地和哲学告别。除非为了我私自的满足，否则，它再也不会出现。因为我知道，一个人必须在两者之间作出抉择，要么决心什么新思想都不提出，要么成为一个捍卫新思想的奴隶。（1676年11月18日）

他这种对发表科学著作以及科学讨论、争论的厌倦感，在以后的许多年里又多次表现出来。有两段话是最好的例证：

> 能得到公众广泛的好评和承认，我并不认为这有什么值得我羡慕的。这也许会使与我相识的人增多，但我正努力设法减少相识的人。

　　拿起笔写那些可能会引起争论的文章是最可羞的事，这种想法与日俱增。（1682年9月12日）

　　光学发现发表后不久，牛顿引退了，以后10年他干了些什么我们知之不多。但我们知道，1679年牛顿证明了在中心平方反比引力的作用下，物体运动的轨道是一个椭圆，引力的中心在椭圆的一个焦点上。但是，他还是不公开这个结果。

　　多年以后，直到1684年，一次偶然的但非出自牛顿本意的事件导致了科学史历程的改变。1684年1月，雷恩（C. Wren）、胡克（R. Hooke）和哈雷（E. Halley）在伦敦聚会时，他们提出了在平方反比引力作用下，行星的轨道是什么形状的问题。由于他们都无法解决这一问题，于是，哈雷于这年8月到剑桥去拜访牛顿，看牛顿对这一问题有什么看法。哈雷提出问题后，牛顿立即回答说：轨道是一个椭圆；而且他说早在7年前他就已经得出了这一结果。哈雷万分高兴，并希望看牛顿的证明。牛顿找了许久，但不知道把证明放在什么地方，牛顿答应，将重新证明并会很快寄给他。

　　对这一老问题的重新证明，似乎又提起了牛顿对整个领域的兴趣。到10月份，他已经解决了许多问题，足以把它们作为九个讲座的基础内容。这九个讲座是他在1684年下半年做的，讲座的题目是《论物体运动》，哈雷在收到牛顿寄来证明的同时，也听了牛顿的讲座。他又一次去剑桥，试图说服牛顿出版这些讲稿。

　　这时，牛顿的数学天才似乎被完全唤醒了，显示出娴熟的数学技巧。牛顿进入了最高度的数学活跃期。凭借自身的天才，凭借自己的意志和优势，牛顿坚强地向前推进，但这种推进是违反他的志愿和爱好的。最后，他终于完成了一生中智力上最伟大的成就，也是整个科学中智力上最伟大的成就。

　　先让我们暂停一会儿，来估价一下这一功绩的大小。牛顿出于自身的考虑，在1684年12月底，开始动笔写《原理》，17个月后，即于1686年5月把《原理》的三卷本的全部手稿交给了皇家学会。第一卷中有两个命题是他在1679年就已解决了的；第二卷中有8个命题是1685年6至7月解决的。第一卷总共有98个命题，第二卷有53个命题，第三卷有42个命题。因此，这些命题中的绝大部分命题都是在写三本书的连续17个月内宣布和证明的。除整个工作的规模宏大之外，完成的速度之快也是独一无二的。即使把《原理》中所完成的问题看成他一生事业和思想的结晶，牛顿在科学中的地位也仍然是无与伦比的。而且，用17个月的时间，就阐明、解决所有问题，并按逻辑的体系进行编排，这真是空前绝后的奇闻。人们能承认这一事件的唯一理由就是：它确实是这样发生的。

　　只有当我们知道牛顿取得了多么大的成就后，我们才会明白，拿牛顿与其他科学家相比是极不恰当的。事实上，只有莎士比亚、贝多芬才能与牛顿相提并论。

　　现在谈一谈《原理》的风格。与早期光学发现时表述思想的方法极不相同的是，《原理》是用冷漠的风格写成的，这种风格常使读者无周旋的余地。正如惠威尔（Whewell）贴切描述的那样：

……当我们读《原理》的时候，感到好像身在古代的
军械库中，那里的武器尺寸如此之大，以至于当我们看到
它们的时候，会不由自主地感到惊奇：能用它们作武器的
是什么样的人？因为我们几乎提不动它……

显然，《原理》以刻板的、层叠的风格出现，很显然是经过深思熟
虑的。因为在出版《原理》时，牛顿告诉德勒姆（Derham）说：

为了避免让那些在数学上知之甚少的人损害我的思想，
我故意把《原理》写得深奥一些。但是，有才能的数学家，
还是可以理解的。我想，他们理解了我的证明之后，会赞
同我的理论。

尽管牛顿完成《原理》时年仅42岁，这时他的数学才能可以毫不
夸张地说正处于高蜂，并且在另一个40年里他完全可以保持这一才
能，但是，以后他再也没有认真地进行科学研究了。他走向了另一条
完全不同的生活道路。牛顿成了伦敦的重要人物，对所有的访问学者
来说，他们肯定要拜会伊萨克·牛顿爵士。

牛顿是一个什么样的人呢？这一问题十分复杂，而且众说纷纭。
尽管我们可以尽量概括，但有些个性特征是不能忽略的：对世事过于
迟钝，对艺术缺乏兴趣，不能真正地理解别人。这些缺点大约是没有
什么可争议的。

牛顿最杰出的才能也许是他专心致志的能力，正如凯因斯所写的：

他特有的才能就是，他能把一个纯粹的智力问题在头脑中持续保持下去，直到他完全搞清楚为止。我想他卓越的才能是由于他有最强的直觉能力和上帝赋予的最大的忍耐力……我相信，牛顿能把一个问题放在头脑中一连数小时、数天、数星期，直到问题向他投降，并说出它的秘密。

另外，正如狄摩甘（De Morgan）所说，他是

……如此沉浸在猜想的幸福中，似乎这样可以得到比任何证明方法得到的东西还多得多。

但是，牛顿生活中最主要的怪事就是他一贯故意地不显露他杰出的数学才能，而且对于他所做的那次超越任何人的贡献，也一贯不当回事。唯一的解释只能是，牛顿根本不认为科学和数学有多么重要。正如凯因斯所说：

……这似乎并不难于理解……这奇怪的精灵被撒旦引诱后相信，在三一学院期间，他解决了那么多问题，因而他可以凭借纯心灵的力量——哥白尼与浮士德结合体——解决上帝和自然界的一切秘密。最后，我不得不重复牛顿常常用来评价他自己的话：

我不知道我可以向世界呈现什么，但是对于我自己来说，我似乎只是像一个在海岸上玩耍的孩子，以时常找到一个比通常更光滑的卵石或更美丽的贝壳而自娱，而广大

的真理海洋在我面前还仍然没有发现。

考虑到牛顿对别的事件不敏感和迟钝，有时人们不免要怀疑这一表述的诚实性。我不认为这样的怀疑是站得住脚的：仅有像牛顿这样的人，才能从他知识的高度，看到一个未被发现的"真理的海洋"。正如古代印度谚语所说："只有大智大悟者才能探明智慧的源泉。"

IV

以上对莎士比亚、贝多芬和牛顿的创造模式的论述，虽然非常浅陋和不够充分，但有两个事实是十分明显的：一方面莎士比亚和贝多芬的创造模式惊人的相似，另一方面，他们和牛顿存在着明显的差异。这种相似和差异是不是偶然的呢？或者说，仅仅是由于这些大人物在人们心中留下了深深的印记，因而赋予了这种相似和差异现象的一般性呢？

把数学和诗放在一起来研究它们的创造性，也许能帮助我们说明问题。

本世纪杰出的英国数学家哈代在他的短文《一个数学家的自白》——它被斯诺（C. P. Snow）描绘成"对创造性思维最优美和空前绝后的写照"——中这样写道：

比起其它任何一门艺术和科学来说，所有教学家更不会忘记数学是青年人的游戏……伽罗瓦（Galois）21

岁就夭折了，阿贝尔（Abel）27岁与世长辞！拉玛努扬（Ramanujan）33岁离开人间，黎曼（Riemann）只活了40岁。还有许多人如果不早去世的话，在以后的生涯中会做出更多更大的贡献……但是，我还从未看到一个数学家过了50岁还能取得重大的数学进展……一个数学家到60岁也许还有足够的竞争能力，但我们不可能期望他有独创性的思想。

对拉玛努扬的早逝，哈代还写道：

　　拉玛努扬的真正悲剧并不是他的早逝。当然，任何伟大人物的早逝，对人类都是一场不幸，但是，一个数学家到了30岁已经是比较老的了。因此，他的死也许并不像表面上那样是一场灾难……

除了哈代的这些话以外，我们再看看罗斯在马洛29岁逝世时说的话：

　　如果他还活着，有什么是他做不到的！——他的去世是英国文学最痛心的损失。

还有雪莱在30岁去世时，德斯蒙德-金赫勒（Desmond King Hele 'g）说的话：

　　有一条规则，也许适用于任何诗人，那就是诗人最好的年华在30岁以后，这条规则对雪莱适用，同样对莎士比亚、米尔顿、华兹华斯、拜伦、坦尼森（Tennyson）也适用，事实上，英国的每一个活了30岁以上的伟大诗人都与这条规则相符。

然而，科学中的情况就大不一样了。托马斯·赫胥黎（T. Huxley）曾说：科学家过了60岁害多益少。

这些说法肯定会有争论，或者至少要求给予限定。但是，请考虑下面这一件事：

1817年，贝多芬47岁时，当一个较长的几乎没有写出什么作品的沉思时期快结束时，他对波特（Potter）说出了他的肺腑之言："现在，我知道如何创作了。"我不相信任何科学家过了40岁才说："我现在知道如何研究了。"在我看来这正是不同的根源和核心。随着科学家的成长和成熟，他的无能也就越明显。

V

如果我们想找到科学工作者和艺术工作者之间的确存在的差异，并希望有一定程度的确定性，那么就必须对此做一定广度和深度的研究。但这已远远超出我的能力。但是，如果我不进一步举几个例子就此半途而废，似乎也不十分恰当。我再举科学史中的四个例子。

第一个例子是麦克斯韦，他被公认为19世纪最伟大的物理学家。

麦克斯韦对物理学的主要贡献是建立了气体动力学理论和电磁场的动力学理论。麦克斯韦用电磁场方程（即麦克斯韦方程组）的形式引入的一些新的物理概念，每一个物理系的学生都了如指掌。这些新概念曾被爱因斯坦称为"是物理学自牛顿以来最深刻和最有成效的概念。"

在1860—1865年的5年间，这时麦克斯韦正值30～35岁。在伦敦国王学院任教授期间，他包含的两个领域贡献的四大部论文集就已经出版了。在这个紧张创作期结束时，麦克斯韦辞去了教授职位，引退回到苏格兰他的老家格伦莱尔（Glentair）（麦克斯韦的传记作者从来没有令人信服地"解释"过，为什么麦克斯韦认为他必须这样做）。在格伦莱尔麦克斯韦度过了6年的时光，在宁静的生活中，他似乎主要在着手写他的两卷本著作《电磁学通论》。1873年终于完成。1871年，经劝说麦克斯韦离开了格伦莱尔回到剑桥，又开始了学术生活，被任命为剑桥大学第一任卡文迪许实验物理学教授。1878年，麦克斯韦逝世，享年49岁。麦克斯韦在剑桥最后的8年中，主要致力于编辑出版卡文迪许的科学遗稿，组织和建设卡文迪许实验室以及处理其他各种各样的教学事务。麦克斯韦的早逝虽然是一个悲剧，然而我们也必须承认，他后来的工作没有达到他30岁前的高度。

第二个例子是斯托克斯（G. G. Stokes）。1849年，他刚过30岁就被选为剑桥的卢卡锡数学讲座教授。直到1903年去世，他一直担任这个曾由牛顿担任过的教席。斯托克斯是19世纪物理学和数学界最伟大的人物之一。他的名字一直与现今某些观点和概念联系在一起，比如，流体动力学中决定黏滞流动的纳维耶-斯托克斯方程；在黏滞媒质中决定小球体收尾速率的斯托克斯定律（这一定律是确定密立根油滴实验的理论基础）；射电天文学上和大电流测量相关的特征极化辐射的斯托克斯参量；荧光波长一定大于激发光波长的斯托克斯荧光定律；另外，还有数学上的斯托克斯定理，这个定理除了是一个非常基础的定理之外，它还是当今微积分中微分形式发展的关键因素。

现在，斯托克斯的科学论文被收集在5卷本里。开始的3卷包括所有重要的基本概念和见解，是他在1842—1852年10年间的成果。后面两卷足以说明他后50年的全部科学成果。

哈奇森（G. E. Hutchinson，耶鲁大学的著名动物学家），他的父亲是斯托克斯晚年的好友，对斯托克斯作了出色的评价："斯托克斯（在卢卡锡教席上）非常可能在效仿他的伟大的前辈……牛顿做的，斯托克斯认为他也应该去做。"

我的第三个例子是爱因斯坦。1905年，无论对爱因斯坦还是对物理学界都是一个奇迹年。这一年爱因斯坦26岁，在这一年中他发表了三篇内容各不相同的划时代的论文。第一篇为狭义相对论奠定了基础，它的表述异常清晰、简洁和紧凑。第二篇合理地解释了分子布朗运动（与斯莫路霍夫斯基毫不相干）。第三篇将普朗克量子假设运用到逻辑极限处，形成了光量子的概念。紧接着10年，爱因斯坦一直迷恋于解决牛顿引力理论和狭义相对论的基本矛盾。牛顿引力理论假定力是一种瞬时的超距作用，而他的狭义相对论则以没有任何信号的传播速度能超过光速为前提条件。经过许多挫折和失败，爱因斯坦在1915年终于成功地建立了广义相对论。正如外尔（H. Weyl）后来所说的，爱因斯坦的广义相对论是"理论思维威力最伟大的范例之一。"

在广义相对论建立以后的若干年里，爱因斯坦对这一理论的许多分支作出了许多重要贡献，对统计物理的某些方面也作出了贡献。但是到了1925年，爱因斯坦对量子论的进一步发展不够关心。这一新的发展首先是由海森伯（W. Heisenberg）奠定的。在1927年的索尔维会议上，爱因斯坦的朋友埃伦菲斯特（P. Ehrenfest）对爱因斯坦说："爱因斯坦，我为你感到羞愧：你一直在反对新量子论就正如你的对手反对相对论一样。"海森伯悲哀地说，这位朋友的告诫只是一阵耳旁风。正如爱因斯坦的热切崇拜者兰佐斯（C. Lanczos）所说：

> 1925年以后，他对最新物理学动态的兴趣开始减弱。他自动放弃了他作为那时第一流物理学家的领袖地位，从原先研究的领域退出来，逃到他自愿去的流放地，这种状态只有少数几个同行愿意效仿。在他最后的30年中，他越来越像个隐士，和当时的物理学发展失去了联系。

我想举的最后一个例子是瑞利（Rayleigh）勋爵，他似乎不遵守哈代的一般规则。瑞利也许是经典数学和经典物理学中最伟大的支柱。在瑞利50年的科学生涯中，他的创造性自始至终具有惊人的稳定性和连贯性。他的科学工作体现在二卷本的《声学理论》和六大卷的《科学论文集》中。

1921年12月，J. J汤姆逊在威斯敏斯特大教堂所做的纪念演讲中，对瑞利的科学贡献做了如下的评价：

> 在构成这几卷著作的446篇论文中，没有一篇是无足

轻重的，没有一篇不是把论述的课题向前推进的，没有一篇不是扫除了某种障碍的。在众多的文章中几乎找不到一篇因时代的进步而需要进行修正。瑞利勋爵以物理学作为自己的领地，拓展了物理学的每一个分支。读过他的文章的人都留下了深刻的印象，这不仅是由于他得到的新结果十分完美，而且在于它们十分清晰和明了，使人们对该主题有了新的领会。

这是一个令人注意的看法，谁有机会用到瑞利的《科学论文集》时，将会证明这一看法的精确性。

但是，为什么瑞利与爱因斯坦及麦克斯韦如此不同呢？也许从汤姆逊的同一篇演讲中可以找到答案。

有一些科学巨匠的魅力在于，他们对一个课题首先做出了说明，在于他们提出了以后被证明是很有成效的新思想。还有一些科学家的魅力则在于他们完善了某一课题，使该课题具有连贯性和明确性。我认为瑞利勋爵实质上属于第二类。

也许另外一个线索可以帮助我们了解瑞利。他的儿子（也是一位杰出的物理学家）曾问瑞利，对赫胥黎说的"一位过了60岁的科学家害多益少"这句话有什么看法。瑞利当时67岁，他的回答是：

如果这位年过60的科学家喜欢对青年人的成就指手

划脚，那很可能害多益少。但是，如果你只做你所理解的事，那情况就可能不相同了。

我们也许能从中得到点启示。

VI

现在继续讨论一些具有共同性的东西。

因为艺术和科学都追求一个不可捉摸的东西——美，但艺术工作者和科学工作者具有不同的创造模式，这一点可以说使我苦思而不得其解。那么，美是什么呢？

在一篇极为动人的文章《精确科学中美的意义》中，海森伯给美下了一个定义。我认为这个定义是恰当的。海森伯的定义可追溯到古代，他说："美是各部分之间以及各部分与整体之间固有的和谐。"思考再三，我认为这个定义揭示了我们通常所说的"美"的本质。它同样适用于《李尔王》《庄严弥撒》和《原理》。

科学中有更多的证据表明，美常常是令人愉悦的源泉。在科学文献中，我们可以找到很多关于美的表述。这里我举几个例子。

开普勒：

数学是美的原型。

希尔伯特（D. Hilbert）（在纪念闵可夫斯基的致词中）说：

> 我们无比热爱的科学，已把我们团结在一起。在我们面前它像一座鲜花盛开的花园。在这个花园熟悉的小道上，你可以悠闲地观赏，尽情地享受，不需费多大力气，就能与彼此心领神会的伙伴同游尤其如此。但我们更喜欢寻找幽隐的小道，发现许多意想不到的令人愉悦的美景；当其中一条小道向我们显示这一美景时，我们会共同欣赏它，我们的欢乐也达到尽善尽美的境地。

外尔（Weyl）说（援引戴森的话）：

> 我的工作总是尽力把真和美统一起来，但当我必须在两者中挑选一个时，我通常选择美。

海森伯说（在一次与爱因斯坦讨论时）：

> 当大自然把我们引向一个前所未见的和异常美丽的数学形式时，我们将不得不相信它们是真的，它们揭示了大自然的奥秘。我这儿提到形式，是指由假说、公理等构成的统一体系。……你一定会同意：大自然突然将各种关系之间几乎令人敬畏的简单性和完备性展示在我们面前时，我们都会感到毫无准备。

以上这些说法也许显得过于笼统或者太一般化，下面我将用具体的、特殊的事例把它说得具体些、明确些。

毕达哥拉斯（Pythagoras）发现，在相同张力作用下振动的弦，当它们的长度成简单的整数比例时，击弦发出的声音听起来是和谐的。这是人们第一次确立了可理解的东西与美之间的内在联系。我想，我们会赞同海森伯这样一句话，毕达哥拉斯的发现是"人类历史上一个真正重大的发现。"

开普勒一定受到了毕达哥拉斯美的概念影响，当他把行星绕太阳的转动和一根振动弦进行对比时，他发现，不同行星的轨道有如天体音乐一般奏出了和谐的和声。开普勒深深感激上帝为他保留了这份发现，使他能够通过他的行星运动定律，得到了一种最高的美的联系。

较近的一个例子是伟大的科学家 —— 海森伯的看法。在他发现了那把通向随后不断发展的量子理论大门的钥匙时，他记下了当一个伟大的真理显示出来的那个时刻对美的感受。

1925年5月底，海森伯患了花粉热，为了避开花草和田野，他来到了赫尔果兰岛休养。那里靠近海边，就在这一段时间里，他在解决当时量子理论的困难方面，取得了迅速的进展。他写道：

> 在短短几天内，我明白了在原子物理学中，只有用可观测量才能准确取代玻尔-索末菲的量子条件。很显然，我的这个附加假设已经在这个理论中引进了一个严格的限制。然后，我注意到，能量守恒原理还没有得到保证……

因此，我集中精力来证明能量守恒原理仍然适用。一天晚上，我就要确定能量表中的各项，也就是我们今天所说的能量矩阵，用的是现在人们可能会认为笨拙的计算方法。计算出来的第一项与能量守恒原理相当吻合，我很兴奋，而后我犯了很多计算错误。终于，当最后一个计算结果出现在我面前时，已是凌晨3点了。所有各项均能满足能量守恒原理，于是，我不再怀疑我所计算的那种量子力学了，因为它具有数学上的连贯性与一致性。刚开始，我很惊讶。我感到，透过原子现象的外表，我看到了异常美丽的内部结构；当想到大自然如此慷慨地将珍贵的数学结构展现在我眼前时，我几乎陶醉了。我太兴奋了，以致不能入睡。天刚蒙蒙亮，我就来到这个岛的南端，以前我一直向往着在这里爬上一块突出于大海之中的岩石。我现在没有任何困难就攀登上去了，并在此等待着太阳的升起。

在这一点上，请允许我发表一点个人感想。在跨越45个年头的整个科学生涯中，最令人震撼的就是，由新西兰数学家克尔（R. Kerr）发现的广义相对论中爱因斯坦方程的一个精确解，它为散布在宇宙中数量不明的大质量黑洞提供了极其精确的表示。这种"在美的面前震颤"，以追求数学美为动机的发现，竟然是大自然精致的复制品，这一难以置信的事实，使我不得不说美是人类思想最深层的反应。事实上，我想说的与此相关的每一件事，都可用拉丁箴言更简洁地表述出来：

Simplex sigillum veri —— 简单是真的标志。

Pulchritudo splendor Veritatis —— 美是真理的光辉。

VII

现在，我必须回到我的问题上来：艺术工作者和科学工作者的创造模式为什么存在差异呢？我不想直接回答这一问题，但我将作一些启发性的讨论。

首先，考察一下科学家和诗人相互间的看法如何。人们想到诗人对科学的态度时，几乎总会想到华兹华斯和济慈（Keats）以及他们那几句经常被引用的诗句。

> 一个摆弄手指的奴仆，
> 一心想窥探。
> 他母亲的坟冢？
>
> 一个自持有理夜郎自大的家伙，
> 一味凭借智力综合概括！
>
> 自然给我们带来知识的甜蜜；
> 我们的理智却胡折腾一气。
> 糟蹋自然的美丽外貌，
> 阴谋对她们解剖、分析。
>
> （华兹华斯）
>
> 只要一触及冷漠的哲学，
> 一切迷人的东西都烟消云散？

　　天空绚丽灿烂的彩虹，

　　我们知道她为何模样那般。

　　安琪儿美丽的双翅，被哲学一触，

　　立即失去美的斑斓。

　　　　　　　　　　　　　　　　　　（济慈）

　　这些诗句也许与迪金森（L. Dickinson）的话遥相呼应："科学出现的地方，文学就受到排斥。"

　　可以预料，科学家是不会赞同这些观点的。梅达沃（P. Medawar）反驳迪金森说：

　　我要找到的证据是，在文学降临之时，她驱走了科学……目前情形就是如此。简直没有任何可能使科学和文学相互补充，经过不懈努力达到一个共同的目标。相反，在期待它们相互合作的地方，它们却势不两立。

　　我反对这种互相指责的行为，因为这样只能使双方受到损害。所以，请允许我只说一句话：华兹华斯和济慈的态度并不具有代表性。科学家们对雪莱的态度倒是可以认真考虑一下。雪莱是科学家诗人，所以对雪莱的思想和工作最杰出的评论家是科学家金赫－勒，这决非偶然。金赫－勒指出："雪莱对科学的态度是强调他愿意生活在惊奇的现代思潮中"，雪莱"以英国诗歌史上无与伦比的准确性和精细性描绘了自然的作用机制。"怀特海（A. N. Whitehead）说：

雪莱对科学的态度和华兹华斯对科学的态度刚刚相反，他热爱科学，并在诗中一再流露出科学所提示的思想。科学思想就是他快乐、和平与光明的象征。

我将从雪莱的诗中选出两首诗，支持上述对雪莱的评论。第一首诗选自《云》[1]，这首诗"把创造的神话、科学专论和云彩快乐而传奇的历险故事有机地融合在一起"：

> 我是大地和水的女儿，
>
> 　　也是天空的养子，
>
> 我往来于海洋、陆地的一切孔隙——
>
> 　　我变，但是不死，
>
> 因为雨后洗净的天宇虽然一丝不挂，
>
> 　　而且，一尘不染，
>
> 风和阳光用它们那凸圆的光线，
>
> 　　把蓝天的穹庐修建，
>
> 我却默默地嘲笑我自己虚空的坟冢，
>
> 　　钻出雨水的洞穴，
>
> 像婴儿娩出母体，像鬼魂飞离墓地，
>
> 　　我腾空，再次把它拆毁。

第二首选自《解放了的普罗米修斯》，它被里德（H. Read）誉为"有史以来对人类追求智慧之光和精神解放的本性所作的最伟大的诗篇"。

---

1. 下面《云》的译文，引自江枫先生在《雪莱诗选》（湖南人民出版社，1987年第118页）的译文，在此向江先生表示感谢。—— 译者注

闪电是奴仆，天穹至深处

抛撒群星，如绵羊一群，

数也数不清，群星在他眼前滚滚而过！

跨上暴风雨，驰过天穹；

地狱的呼喊，大白人间，

苍天，你还有秘密吗？人类已揭开面纱，一切都显露

无遗。

现在我转到问题稍稍不同的另一方面。达尔文（C. Darwin）曾坦率地承认：

到了30岁，或更大一些，许多种类的诗，像弥尔顿的、格雷的、拜伦的、华兹华斯的、柯勒里奇的和雪莱的，都能给予我极大的快乐；我儿时曾沉醉于莎士比亚的戏剧中，尤其是他的历史剧……我还说过，以前绘画和音乐能带给我极大的愉快。但是，许多年以来，我没有耐心读完一行诗。后来，我试着读莎士比亚的书，感到单调乏味，味同嚼蜡，难以忍受。绘画和音乐也提不起我的兴趣……我的头脑似乎变成了一种机器，一种碾碎大量收积起来的事实，并使之变成一种普通规律的机器。但为什么会导致我大脑中较高级欣赏力赖以存在的那部分萎缩了吗？我实在不明白其中原因。

我们还可以考察法拉第电磁感应定律的发现。我们知道，这一发现形成了"力线"和"力场"的概念，这和当时流行的思想大相径庭。

事实上，这些概念曾遭到当时许多人的冷眼。但是，麦克斯韦对法拉第的思想却独具慧眼，他曾预言道：

> 法拉第运用力线的思想来解释电磁感应现象，这一方法表明，他是一个具有很高水平的数学家——未来的数学家们可以从他那里得到有价值和富有成效的方法。我们甚至不知道怎么称呼我们正在努力建立和发展中的科学，这也许要出现另一位和法拉第一样伟大的哲学家才行。

然而，当法拉第讲述他对电的研究时，当时的财政大臣格拉斯通（Gladstone）却打断了法拉第的话，不耐烦地问道："但它到底有什么用呢？"法拉第的回答是："啊，阁下，也许不久你就会收它的税了。"法拉第的回答十分令人赞赏，因而常常被人们引用。

雪莱在《为诗辩护》中对科学耕耘所说的话，在我看来，对达尔文的坦白和法拉第的回答都是适宜的。雪莱说[1]：

> 科学已经扩大了人们统辖外在世界的王国的范围，但是，由于缺少诗的才能，这些科学的研究反而按比例地限制了内在世界的领域；而且人既然已经使用自然力做奴隶，但是人自身反而依然是一个奴隶。

你也许会认为雪莱对技术在近代社会中的作用麻木不仁，为避免

---

1. 此处和后面《为诗辩护》的译文，参照了刘若端先生在《十九世纪英国诗人论诗》（人民文学出版社，1984年）的译文，在此向刘先生表示感谢。——译者注

这种错觉, 我援引他接着说的话:

> 无庸置疑, 从功利这种狭义的意义上说, 提倡功利的人们在社会上也有他们应尽的义务。他们追随诗人的足迹, 把诗人的种种创作中的素描抄写在日常生活的书本上。他们让出空间。他们给予时间。

雪莱的《为诗辩护》是英国文学史中最动人的文献之一。叶芝(W. B. Yeats) 称它为"英语语言中对诗学基础最深刻的论述"。此文应全文通读, 这里请允许我仅读几段。

> 诗, 是最幸福最善良的心灵中最善良的瞬间的记录。
>
> 诗, 可以使世间最善致美的一切永垂不朽; 它捉住了那些飘入人生阴影中的一瞬, 即逝的幻想……
>
> 真的, 诗是神圣的东西。它既是知识的圆心又是它的周边; 它包含一切科学, 一切科学也必须溯源到它。它同时是一切其他思想体系的根和花朵。
>
> 诗人, 是尚未被理解的灵感的祭司; 是将未来的巨影投到现在的明镜, 是表现了连自己也不解是什么的文字; 是唱着战歌而又不感到何所激发之号角; 是能动而不被动之力量。诗人, 是未被世间公认的立法者。

在读雪莱的《为诗辩护》时, 必然会提出这样的问题, 为什么它和同样颇具天资的科学家写的《为科学辩护》毫无相似之处呢? 也许当我提出这个问题时, 我已对在报告中反复提出的问题做了部分回答。

演讲一开始，我就请求你们要有耐心，因为我讲的题目大大超过了我的理解能力。最后，请允许我援引莎士比亚《亨利四世》下篇的收场白来作我的收场：

第一，我的忧虑；第二，我的敬礼；最后，我的致词。我的忧虑是怕各位看了这出戏后会生气；我的敬礼是我应尽的礼貌；我的致词是要请各位原谅。

第 4 章
美与科学对美的探求（1979）

　　我们对于自然界的美都十分敏感，这种美的某些方面为自然与自然科学所分享，这不是没有道理的。但人们也许要问；在什么程度上追求美才是科学研究的目的？对于这个问题，庞加莱是一点也不含糊的。他在一篇文章中曾经写道：

　　　　科学家之所以研究自然，不是因为这样做很有用。他们研究自然是因为能从中得到了乐趣，而他们得到乐趣是因为它美。如果自然不美，它就不值得去探求，生命也不值得存在……我指的是本质上的美，它根源于自然各部分和谐的秩序，并且纯理智能够领悟它。

庞加莱还指出：

　　　　正因为简单和深远两者都是美的，所以我们特别刻意于寻求简单和深远的事实；我们醉心于探求恒星的巨大轨道，我们热衷于用显微镜寻觅极为细小的东西，我们欢欣于在遥远的地质年代中寻觅过去的痕迹，都是由于这些活动给我们带来了欢乐。

对于庞加莱的这些话，曾为牛顿和贝多芬撰写过杰出传记的沙利文（J. W. N. Sullivan）评论说：

> 由于科学理论的首要宗旨是发现自然中的和谐，所以我们能够一眼看出这些理论必定具有美学上的价值。一个科学理论成就的大小，事实上就在于它的美学价值。因为，给原本是混乱的东西带来多少和谐，是衡量一个科学理论成就的手段之一。
>
> 我们要想为科学理论和科学方法的正确与否进行辩护，必须从美学价值方面着手。没有规律的事实是索然无味的，没有理论的规律充其量只具有实用的意义，所以我们可以发现，科学家的动机从一开始就显示出是一种美学的冲动……科学在艺术上不足的程度，恰好是科学上不完善的程度。

著名的艺术批评家罗杰·弗赖（Roger Fry）在一篇名为"艺术与科学"的文章中，引用了沙利文的一段话后，颇有见解地指出：

> 沙利文大胆地说："我们要想为科学理论和科学方法的正确与否进行辩护，必须从美学价值方面着手。"我想就这一点向沙利文提一个问题：一个无视事实的理论是否与一个符合事实的理论具有同样的价值？我想他将回答：否。然而依我个人之见，这个否定的回答并没有纯美学方面的理由。

关于罗杰·弗赖的问题，我在后面将提出一个不同的答案。但现在我要进一步讨论弗赖关于比较艺术家和科学家的冲动的观点。

> 从最单纯的感觉到最高的设计，艺术过程的每一步都必将伴随着欢快，没有欢快就没有艺术……同样，在思索中对必然性的认识通常也伴随有欢快的情绪，而且，对这种欢快欲望的追求，也的确是推动科学理论前进的动力。在科学中，不论是否有情感伴随它，关系的必然性依然同样地确定和可以阐明；而在艺术中，没有感情的激动，美学的和谐根本不会存在。没有激情，艺术中的和谐是不真实的……在艺术中，对关系的认识是直接的、有感情的——或许我们应该认为，它与数学天才的认识有惊奇的相似之处：数学天才们对数学关系具有直接的直觉，但要证明这些关系又超出了他们的能力。

现在我们从这些一般的论述转向具体的实例，看看科学家们如何体验美。

我的第一个例子与弗赖说的话有关，他说数学天才有时没有明显的理由就能感受到真理。1915年在数学上一鸣惊人的印度数学家拉玛努扬，想必你们有些人是知道的，他留下了大量笔记，其中有一本是几年前才发现的。在这些笔记中，拉玛努扬记下了几百个公式和恒等式，其中有许多最近才由拉玛努扬当时还不知道的方法证明出来的。华生（G. N. Watson）为证明这些恒等式耗费了几年时间，他写道：

> 研究拉玛努扬的工作和由此提出的问题，不禁使我

想起拉梅（Lame）在读埃尔米特

（Hermite）关于模函数的文章时的评述："令人惊心动魄。"

而我无法用一句话说明我的感受，像下面的公式

$$\int_0^\infty e^{-3\pi x^2} \frac{\sin h\pi x}{\sin h3\pi x}\, ax = \frac{1}{e^{2\pi/3}\sqrt{3}} \sum_{n=0}^\infty e^{-2n(n+1)\pi}$$

$$\times (1+e^{-\pi})^{-2} \times (1+e^{-3\pi})^{-2} \cdots (1+e^{-(2n+1)\pi})^{-2}$$

给我心灵的震颤，恰如我走进美第奇（Capelle Medicee）教
堂的圣器室，见到米开朗琪罗的放在 G. 美第奇和 L. 美第奇
墓上的名作"昼"、"夜"、"晨"和"暮"所引起的震颤一样。
这两种感受是无法区分的。

再举另一个很不相同的例子，这个例子说的是玻尔兹曼看了麦克
斯韦论述气体动力学的一篇文章后的反响。在那篇文章中，麦克斯韦
证明可以精确解出气体的输运系数，气体分子间的作用力是分子间的
距离的负5次幂的函数。玻尔兹曼是这样说的：

　　一个音乐家能从头几个音节辨别出莫扎特、贝多芬
和舒伯特的作品，同样，一个数学家也可以只读一篇文章
的头几页，就能分辨出柯西、高斯、雅可比、亥姆霍兹和
基尔霍夫的文章。法国数学家的风度优雅卓群，而英国
人，特别是麦克斯韦，则以非凡的判断力让人们吃惊。譬
如说，有谁不知道麦克斯韦关于气体动力学理论的论文
呢？　……速度的变量在一开始就被庄严宏伟地展现出来，
然后从一边切入了状态方程，从另一边又切入了有心场的

劳伦佐·美第奇雕像（正中壁龛内）与暮（左），晨（右）

朱理安诺·美第奇雕像（正中壁龛内）与昼（右），夜（左）

运动方程。公式的混乱程度有增不已。突然，定音鼓敲出了四个音节"令$n=5$"。不祥的精灵u（两个分子的相对速度）隐去了；同时，就像音乐中的情形一样，一直很突出的低音突然沉寂了，原先似乎不可被超越的东西，如今被魔杖一挥而被排除。……这时，你不必问为什么这样或为什么不那样。如果你不能理解这种天籁，就把文章放到一边去吧。麦克斯韦不写有注释的标题音乐。……一个个的结论接踵而至，最后，意外的高潮突然降临，热平衡条件和输运系数的表达式出现，接着，大幕降落！

我举这两个例子是想强调，我们用不着刻意寻觅就可以发现科学中的美。但是，如果真要仔细寻求，我们可以得到最佳的例子。下面是其中的两个。

爱因斯坦的广义相对论，被外尔称之为推理思维威力的最佳典范，而朗道（Landau）和栗弗西兹（Lifschitz）认为，广义相对论大概是现有物理理论中最美的理论。爱因斯坦本人则在他的第一篇论述场论的论文结尾处写道："任何充分理解这个理论的人，都无法逃避它的魔力。"后面，我还将回头讨论这种魔力来自何处，现在我先将海森伯发现量子力学时的感受与爱因斯坦对自己理论的反应作一对比。我们有幸得到海森伯的自述，他写道：

　　……在只与可观测量打交道的原子物理学中，我逐渐明白了在原子物理学中，只有用可观测量才能准确取代玻尔-索末菲的量子条件。很显然，我的这个附加假设已经在这个理论中引进了一个严格限制。然后我注意到，能量守恒原理还没有得到保证。……因此，我集中精力来证明能量守恒定律仍然适用。一天晚上，我就要确定能量表（能量矩阵）中的各项……计算出来的第一项与能量守恒原理相当吻合，我很兴奋，而后我犯了很多计算错误。当最后一个计算结果出现在我面前时，已是凌晨3点了。所有各项均能满足能量守恒原理，于是，我不再怀疑我所计算的那种量子力学了，因为它具有数学上的连贯性与一致性。刚开始，我很惊讶。我感到，透过原子现象的外表，我看到了异常美丽的内部结构；当想到大自然如此慷慨地将珍贵的数学结构展示在我眼前时，我几乎陶醉了。

　　看了爱因斯坦和海森伯的这些有关自己发现的叙述，再回顾海森伯记下的他和爱因斯坦的一段对话，一定很有意思。海森伯记道：

　　　当大自然把我们引向一个前所未见的和异常美丽的数学形式时，我们将不得不相信它们是真的，它们揭示了大自然的奥秘。我这儿提到形式，是指由假说、公理等构成的统一体系。……你一定会同意，大自然突然将各种关系之间几乎令人敬畏的简单性和完备性展示在我们面前时，我们都会感到毫无准备。

　　海森伯的这些话，与济慈的诗句遥相呼应：

　　　美就是真，

真就是美——这就是
你所知道的,
和你应该知道的。

现在我想回到前面罗杰·弗赖提到的问题上,即如何看待一个在美学上令人满意但又认为它不真实的理论。

弗里曼·戴森(Freeman Dyson)曾经引用外尔的话:"我的工作总是尽力把真和美统一起来;但当我必须在两者挑选一个时,我通常选择美。"我问戴森,外尔是否有具体例子说明他的这种选择?戴森说:有。引力规范理论是例子之一。这个理论是外尔在《空间、时间和物质》一书中提出来的。显然,外尔曾经承认这个理论作为一个引力理论是不真实的;但它显示出的美又使他不愿放弃它,于是为了美的缘故,外尔没有抛弃这个理论。多年之后,当规范不变性被应用于量子电动力学时,外尔的直觉被证明是完全正确的。

另一个例子外尔本人没有提到,但戴森注意到了。二分量中微子相对论性波动方程是外尔发现的,但由于它破坏了宇称守恒,物理学界有30多年没有重视它。结果,外尔的直觉再一次被证明是正确的。

因此,我们有根据说,一个具有极强美学敏感性的科学家,他所提出的理论即使开始不那么真,但最终可能是真的。正如济慈很久前所说的那样:"想像力认为是美的东西必定是真的,不论它原先是否存在。"

确实,人类心灵最深处感到美的东西能在自然界得以成为现实,这是一个不可思议的事实。

凡是可以理解的也是美的。

我们也许会问：精密科学中的美在它被人们很好地了解和合理地阐明之前，怎么被认识到？阐明这种美的动力来自哪里？

这个问题自古以来就使许多思想家感到迷惑。正是在这一点上，海森伯注意到柏拉图在《斐德罗》中表述的下述思想：

> 灵魂对美的光芒感到震惊，因为它感到灵魂深处有某些东西被唤醒了，这些被唤醒的东西并不是从外部输入的，而是一直潜藏在无意识领域的深处。

休谟（David Hume）在一句名言中表达了同样的思想："事物的美存在于思考它们的心灵之中。"

开普勒发现了行星运动定律，他被这一发现所显示的和谐深深感动，在《世界的和谐》一书中，他写道：

> 人们可以追问，灵魂既不参加概念思维，又不可能预先知道和谐关系，它怎么有能力认识外部世界已有的那些关系？……对于这个问题我的看法是，所有纯粹的理念，或如我们所说的和谐的原型，是那些能够领悟它们的人本身固有的。它们并不是通过概念过程被接纳，相反，它们

产生于一种先天性直觉。

最近，泡利（Pauli）更精确地表达了开普勒的这一思想：

> 从最初无序的经验材料通向理念的桥梁，是某种早就存在于灵魂中的原始意象（images）——开普勒的原型。这些原始的意象并不处于意识中，或者说，它们不与某种特定的、可以合理形式化的观念相联系。相反，它们存在于人类灵魂中无意识领域里，是一些具有强烈感情色彩的意象；它们不是被思考出来的，而是像图形一样被感知到的。发现新知识时所感到的欢欣，正是来自这种早就存在的意象与外部客体行为的协调一致。

泡利的结论是：

> 千万不要断言理性认识所建立的东西，是人类理性唯一可能的推测。

泡利所说的早就存在的意象与外部客体行为的协调一致，一旦被强烈地感受到，就会导致感受者对自己的判断及其价值坚信不移。否则，我们就无法理解一些伟大科学家们下述的言辞：

"热力学疯狂了。"热力学创建者之一开尔文勋爵（Lord Kelvin）在评论玻尔兹曼推导出维恩−斯忒藩定律时说。

　　"你从恒星的观点看；而我从大自然的观点看。"爱丁顿在和我的一次争论中说。

　　"正是在这一点上我不同意当今大多数物理学家的观点。"狄拉克在谈到量子电动力学中的重整化方法时说。

　　"确实，我们好像第一次有了一个巨大的框架，它足以包罗整个的基本粒子和它们之间的相互作用。我在1933年就有过的梦想由此得以实现。"1957年海森伯在谈到他与泡利合作研究统一场论时说（不过，这次合作的结果很不幸）。

　　"上帝不掷骰子。"这是爱因斯坦说的；他甚至还说过一句更带刺激性的话："在评论一个物理理论时，我常问自己：如果我是上帝，我会不会这样来安排宇宙？"

　　爱因斯坦的后一句话，使人想起玻尔的劝告："我们的责任不是规定上帝如何安排这个世界。"

　　也许我们正是应该从这些高度的自信中看出，有些伟大的人物也会有思想浅薄的表现。克劳德·贝尔纳（Claude Bernard）曾经说过："过于自信的人不适于从事发现的工作。"显然，我踏入了一个危险地带，但这将使我有机会注意到一个曾使我极感迷惑的事实：它关系到两种非常不同的成长和成熟的方式，一种是伟大的作家、诗人、音乐家的方式，另一种是伟大的科学家的方式。至少在我看来，这两种方式有极大的差别。

当我们研究一个伟大作家或伟大作曲家的作品时，我们通常将它们分为早期、中期和晚期。而且，从早期、中期到晚期，这些作品总是经历一个日趋深刻和完美的过程。例如，莎士比亚和贝多芬，他们最后的作品是最伟大的。J. 威尔逊（J. Dover Wilson）在叙述莎士比亚伟大的悲剧艺术时，曾非常精彩地描述了它的发展。

> 从1601年到1608年，莎士比亚沉浸在悲剧创作中；这8年中他走的路恰如一条山路，从平川开始，缓缓走上山坡，越往上路越窄，到了顶峰，山脊如利刃，再往前则面临无底深渊。然后，立足不那么难了，再往下走，路又逐渐宽阔，最终落入另一侧的谷地。

> 八个剧本构成了这种悲剧的历程。首先是《裘力斯·恺撒》，它在悲剧期真正形成之前写成。这是一出并不邪恶但却软弱的悲剧。在《汉姆雷特》一剧中，邪恶势力出场了，它阴险、凶狠，但人性的软弱仍然占上风。在《奥塞罗》中，莎士比亚创造了第一个十足邪恶的人物形象伊阿古，同时，伊阿古的牺牲品是无罪的；莎士比亚不再让人性的软弱与上帝一同承担责任。《李尔王》把我们带到了万丈深渊之边，无穷尽的恐惧、无穷尽的遗恨，它终于铸就了世界文学史上最伟大的悲剧。

但莎士比亚并没有到此为止，他接着又写出了《麦克白》、《安东尼与克里奥佩特拉》（莎剧中最伟大的戏剧之一）和《科利奥兰纳斯》。威尔逊问道："在这些人类精神所承担的最艰险和最可怕的历险中，莎士比亚怎么解救自己的灵魂呢？"莎士比亚最终挣扎出来了，他的得救是由于他创作出伟大而绝妙的悲剧：《冬天的故事》《暴风雨》。

　　我不厌其烦地给你们讲莎士比亚的艺术发展历程，恐怕有些离题。但我之所以如此，的确是想向你们强调这一发展的重大意义。我相信，这种历程也适合于贝多芬的后期作品，其中包括《哈默克拉弗奏鸣曲》《庄严弥撒》，特别是最后的几首四重奏。

　　也许只有莎士比亚和贝多芬在他们的生命快结束时踏上了艺术的顶峰，并因此得救；也有一些人经历了相似的历程，他们由于坚持不懈的努力而逐渐攀上较高的山峰，只不过与莎士比亚和贝多芬相比较起来，不那么突出、显著。但对于科学家，我可就找不出有相似发展历程的例子。科学家最早的成就常常就是他们最后的成就。我这儿排除那些英年早逝的科学家，如科茨（coates）、伽罗瓦、阿贝尔、拉玛努扬、马约拉纳等，因为如果他们活得更长一些会有什么成就，我无法知道。科学家似乎都不能保持持久和连续的攀登，为什么会这样呢？我并不试图回答这个问题，我想转向一些更具体的思考。

　　现在我想讲的问题是，我们如何按文学或艺术批评的方式，把科学理论当作一件艺术品来评价。广义相对论为我们提供了一个好的例子，因为几乎所有的人都同意它是一个很优美的理论。探求这种美的根源在哪里，我想是很有益处的。狄拉克有一句断言想取消这种探求，我认为是行不通的，他说：

　　　　〔数学美〕与艺术美一样是无法定义的，但研究数学
　　的人要鉴赏数学美并不会感到困难。

我认为也不会有人满意玻恩（Born）的评语：

> 它〔广义相对论〕在我看来就像一件从远处观赏的伟大的艺术品。

（顺便直言两句，我不知如何理解玻恩的评语。难道广义相对论只能在远处欣赏吗？难道不能像其他物理学分支那样去研究和发展？）

尽管有许多固有的困难妨碍我们的讨论，但我还是试图阐明：广义相对论为什么会引起我们美的共鸣？我们为什么认为它是美的？为此，必须选定几条美的标准，我采纳了以下两条。

第一条是弗兰西斯·培根（Francis Bacon）的标准：

> 一切绝妙的美都显示出奇异的均衡关系。

（这里所说的"奇异"是指"感到非常意外，以致引起了惊讶和好奇"。）

第二条标准是对培根标准的补充，它是海森伯表述的：

> 美是各部分之间以及各部分与整体之间固有的和谐。

广义相对论显然具有奇异的均衡关系，因而符合培根的标准。这首先是因为广义相对论将一直被认为是完全独立的两个基本概念——时空和物质的运动，联系并结合起来了。正如泡利1919年所说："时空几何不是既定的，它由物质及其运动决定。"随后，在引力与度规的融合中，爱因斯坦于1915年证实了黎曼在1854年所做出的伟大预言，即度规场与物质及其运动有必然的因果联系。

　　最大的奇异的均衡关系，也许就是时空关系的改变。正如爱丁顿所说："空间不是许多聚在一起的点，而是许多相互连结的间隔。"

　　爱因斯坦广义相对论的建立，它的新奇也表现在另一个方面。即：我们可以欣然承认牛顿的引力理论需要修改，否则它将无法容纳光速的有限性和放弃瞬时的超距作用。承认了这一点，我们就可以推导出行星轨道与牛顿理论预言值的偏离是v/c，这儿v是行星在轨道上的速度，c是光速。在行星系中，这种偏离最大也不超过百万分之几。因此，如果爱因斯坦利用微扰法找到一个理论，允许牛顿的理论做出这样微小的修正，这就完全足够了。但这只不过是一种常规的方式，却不是爱因斯坦的方式。爱因斯坦要寻求一个精确的理论。他首先对物理性质作定性的讨论，然后将它与准确无误的数学优美性和简单性的感受相结合，就得出了场方程。爱因斯坦通过这种思辨性的推理思维，竟然得到一个完美的物理理论，这一事实很好地说明了外尔说的一句话，他说当我们跟随爱因斯坦的思想时，我们会感到"禁锢真理的墙已被推倒。"

　　上述议论只适用于导出场方程的理论基础。现在我们要进一步考察，这个理论是否符合美的第二条标准，即"各部分之间以及各部分与整体之间固有的和谐"。结果我们发现，这个理论的每一进程不仅显示出"奇异的均衡关系"，而且极其充分地满足了第二条美的标准。

我对此要作点说明。

　　首先，广义相对论允许有黑洞的解。众所周知，黑洞把三维空间分为两个区域：内区和外区。内区是一个由光滑二维零表面（null-surface）为界的区域；外区是渐近平坦的，内区与外区不能相互沟通。有了这些非常简单和必要的限制后，出现了一个令人惊异的事实，广义相对论允许静止黑洞有一个单一的一族二参数解，这就是克尔族。克尔族的两个参数是黑洞的质量和角动量。更令人叹绝的是这个解族的度规是明确无误的，它轴对称，表示黑洞绕对称轴转动。

　　克尔几何的轴对称特性明显表明，作短程线运动的试验粒子其能量是守恒的，同时其绕对称轴的角动量分量也守恒。除了这两个守恒量以外，布兰登·卡特（Brandon Carter）还意外地发现，克尔几何允许试验粒子遵循第三个守恒定律。这样，支配实验粒子运动的哈密顿–雅可比方程其变量是可分离的；其短程线方程的解可以简化为求面积。这已经够令人惊讶了，但更令人惊讶的是所有的数理方程——标量波动方程、麦克斯韦方程组、狄拉克方程和支配引力波传播的一些方程，所有这些方程在克尔几何中都可以分离变量，如像在闵可夫斯基几何中的情形一样，因而可以得到明确的解。

　　当我们领悟到彭罗斯（Penrose）和霍金（Hawking）的奇异性定理的要求时，我们必将感到同样的震惊。彭罗斯和霍金的奇异性定理要求我们的宇宙必然起源于一个奇点，这样，我们不得不思考一些令人难以置信的物理过程，在这种过程中密度、体积线度和时间间隔的数量级分别为 10^{93} g / cm^3、10^{-33} cm 和 10^{-44} s！

霍金定理表明：黑洞的表面积总是在增长，这暗示黑洞的表面积与热力学的熵具有同一性；这就导致热力学、几何学和引力之间有着密切的联系。

所有这些都显示出奇异的均衡关系。

以上我说的一切，都符合我作为出发点的两条美学标准。但还有一个方面我们应该考虑。

当亨利·莫尔（Helary Moore）在10年前访问芝加哥大学时，我曾问他应该怎样看雕塑：是站远一点还是靠近一点看比较好。莫尔回答说，最伟大的雕塑能在任何距离上进行观赏，因为在不同的距离会显示出不同的美。莫尔还以米开朗琪罗的雕塑作品为例作了说明。同样，广义相对论在我们探讨它的每个层次上，都显示了奇异的均衡关系。举一个例子就足够了。

如果把爱因斯坦方程扩展到爱因斯坦－麦克斯韦方程，即适合于空间充满电磁场的方程，并寻求一个球对称的解，我们就可以得到一个描述有质量和电荷的黑洞的解。这个解是赖斯纳（Reissaer）和诺德斯特姆（Nordström）发现的，是众所周知的史瓦西（Schwarzschildl）解的一个推广。由于黑洞有电荷，所以一个电磁波如果射到黑洞上，有一部分显然会以引力波的形式反射回来。反过来，如果引力波入射到黑洞上，一部分引力能量也会以电磁波的形式反射回来。令人惊讶的是，在任何频率的情形下两种反射回来的部分都一样。这个结果是出乎意料之外的，其根本原因目前被归结为（经典）物理学定律的时间可逆性。这个例子表明，广义相对论在探索的每一个层次上都显示出奇异的均衡关系。正是这一事实，使广义相对论具有无与伦比的美。

至此，我的评论都只限于已被接受的伟大的思想，它们出自伟大的心灵。但我们不能由此认为，只有伟大的心灵在伟大的思想中才能感受到美。同样，创造的欢乐也不仅仅只限于少数几个幸运的人。事实上，只要努力去领会均衡的奇异性和各部分之间以及各部分与整体之间的固有的和谐，我们都有机会体验美和创造的欢欣。除此以外，把一个科学领域的研究对象和谐地组织起来，使它有序、规范、连贯，我们同样也可以得到满足。这样的例子很多，例如雅可比的《动力学讲义》、玻尔兹曼的《气体理论讲义》、索末菲的《原子结构和光谱》、狄拉克的《量子力学原理》和薛定谔晚年撰写的一些珍贵的解说性论著。正如古希腊罗马哲学家普罗提诺（Plotinus）所说，透过物质现象隐约可见的永恒的光辉，在这些书中像彩虹那样展示在我们眼前。

最后，我认为我们每个人可以用我们自己的方式，在追求科学美中得到满足，正如弗吉妮娅·伍尔芙的《浪》中的演员们一样：

> 这儿有一个正方体，那儿有一个长方体。演员们将正方体放到长方体上，放得非常精确，想做一个完美的住处。从外面还看不出什么名堂，但结构可以看出来了；虽然明摆着不完美。我们虽不多才多艺，但也不那样无能；我们已经作出了长方体，并把它们放到正方体上。这就是我们的胜利，这就是我们的安慰。

第 5 章
米尔恩讲座
爱德华·阿瑟·米尔恩和他在现代
天体物理学发展中的地位（1979）

I

米尔恩是在1921年进入天体物理学领域的。那时，天体物理学才刚刚起步，对现代天体物理学的两大支柱 —— 恒星大气理论和恒星结构理论还少有研究。

在1920年，天体物理理论方面的书籍很少，可以说仅有一本，即罗伯特·埃姆登（Robert Emden）的《气体圈》（*Gaskugeln*）。这本书出版于1907年，对引力场中处于平衡态的气体的质量作了极为详细的研究；并且指出，平衡态下气体的压强与气体密度的某种乘方成正比。这就是多方气体圈理论，它在爱丁顿和米尔恩的研究中扮演很重要的角色。埃姆登的著作除了包括广为大家所知的多方气体圈理论之外，还讨论了太阳大气中的物理条件。这一讨论实际上是对卡尔·史瓦西的如下推论作了解释：太阳外层不可能处于对流平衡，而是处于辐射平衡。史瓦西是从太阳边缘的有限亮度分析中提出上述推论的，下面我马上会谈到这一点。同一时期，天体物理学的另一重要成就出现在阿瑟·舒斯特（Arthur Schuster）的论文中。在该论文中，舒斯特处理了与太阳和恒星大气吸收谱线有关的热辐射传递理论问题。

史瓦西于1914年对辐射平衡的概念做了更深入的分析。1916年，爱丁顿将这些概念引入到作为一个整体的恒星系的热平衡中去，并由此着手关于恒星内部结构的首篇论文。1918年，爱丁顿的恒星亮度变化的脉动理论问世。

当时，原子论仍处于幼年时期，萨哈（Saha）关于在恒星大气中估计的温度和压强下，各种原子激发和电离的论文即将发表。

米尔恩就是在这个时候进入天体物理学领域的。我得马上插一句，他的贡献主要还不在于与他联系在一起的科学的具体进步，而更多的在于他的治学态度和治学作风。后面我会详细地讲一讲。

II

很幸运的是，米尔恩将注意力转移到天体物理学领域时，他首先遇到的问题正好与他的治学风格和处理问题的方法合拍。正如我将要指出的，米尔恩刚开始进入天体物理学领域的研究成果，多年来一直保持领先地位，并且为我们了解恒星外层的一些不变的特性提供了证据。正是由于这一点，我想细致地谈一下他在这方面的工作。

米尔恩开始研究的问题是如何解释太阳不同区域亮度不同的现象，也就是如图1所示的太阳边缘发暗的现象。不仅从太阳不同区域发出光线的总亮度不一样，而且从太阳不同区域发出的不同波长的光（或说不同颜色的光）的亮度也不一样。

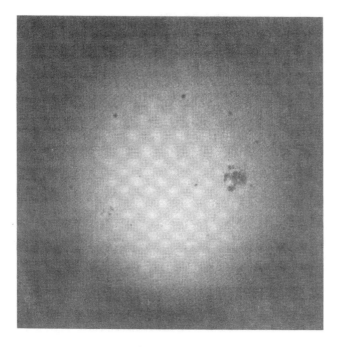

图1 太阳边缘发暗现象照片

　　图2很清楚地表明：太阳边缘发暗现象简明地反映了辐射强度与辐射角的关系。1906年，史瓦西研究了太阳边缘发暗问题，将它与辐射平衡优势和由此产生的太阳外层大气温度变化联系起来。这样，问题的解释就变得很简单了。

　　一个基本的事实是物体的辐射来自物体的不同深处，但由于外层物质的阻挡，越是深处其辐射衰减的程度就越厉害。基于这个事实，我们可以说物体的辐射反映了物体表面下某一平均深度的辐射特征。这个平均深度对于各种波长和各个角度的辐射都是一样的，我们可以通过考察覆盖层对辐射的衰减程度来测量它。换句话说，我们在任何情况下总是能有效地观察到一个单位的光学深度（辐射穿过单位光学深度的物质其衰减因子为1／4）。

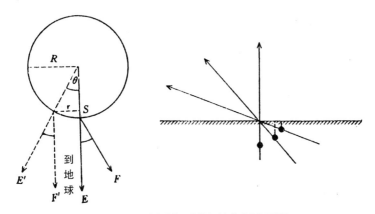

图2 辐射角和大气中的温度梯度引起发暗现象示意图

有一些辐射是以一定角度斜着穿过大气的，显然它们所代表的辐射深度一定小于垂直于表面的辐射所代表的辐射深度。既然我们认为越深层温度越高，那么以一定角度发出的辐射，其温度要比垂直辐射的温度低。所以，倾斜辐射的强度要比垂直辐射弱（见图2）。或者说，恒星的边缘必然发暗。

通过以上说明，可以清楚地看出要解释边缘发暗现象，必须解决的基本问题是恒星外层的温度分布是怎样的。一旦温度的分布弄清楚了，就可以直接将任何给定角度的辐射强度同物质对各种波长光线的不透明度（即吸收系数或者吸收能力）联系起来。

设 $\bar{k}$ 代表平均吸收系数，τ代表用 $\bar{k}$ 量度的光深，$T\tau$ 为深度 τ 处的

温度。根据普朗克分布可知，在深度为τ处辐射的频谱分布为：

$$B_v(T_\tau) = \frac{2hv^3}{c^2} \frac{1}{\exp(hv/kT_\tau - 1)} \tag{1}$$

这里，v、c、h分别为频率、光速和普朗克常数。相应地，与法线方向成θ角，频率为v的辐射的强度为：

$$I_v(\theta) = \int_0^\infty d\tau B_v(T_\tau)(\frac{k_v}{k})\exp\left[(-k_v\sqrt{k})\tau \sec\theta\right]\sec\theta \tag{2}$$

其中，k_v是给定频率下的吸收系数。

显然，通过比较实际观测到的辐射强度与方程（2）得出的辐射强度，可以推得吸收系数随波长（由$k_v\sqrt{k}$计算）而变化；这种变化明显规定了某种与太阳大气的构成有重要关系的东西。

以上我提到的问题，米尔恩在他早期的论文中作了彻底的解决。他从对太阳的观测数据中，推导出太阳连续吸收系数随波长变化，如图3所示。

米尔恩强调，他导出的变化关系有两个特征：第一，在整个可见光谱部分，吸收系数逐渐增大，在约8000Å附近达到一个极确定的最大值；第二，超过8000Å后。连续吸收系数开始减少，在16000Å附近存在一个最小值。

在随后的几十年中，许多人用另外的方式重复了米尔恩的分析，

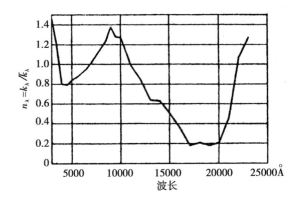

图3 米尔恩推导出的太阳连续吸收系数随波长变化图

均证实了米尔恩的一些主要结论。下面我将谈其中的一个证实方式，它是由1946年（米尔恩后约25年）查隆格（chalonge）和考格诺夫（Kourganoff）的研究所提供。

假定某一深度处温度为 T，试求覆盖层对各种波长辐射的不透明度。显然，米尔恩的基本理论可以解决这个问题。查隆格和考格诺夫对该问题的分析结果如图4所示，它和米尔恩的结论符合得很好。

导出连续吸收系数随波长变化这一论断，其推理分析的简洁性表明，它涉及了太阳大气的基本成分。至于成分可能是什么，只有在20世纪40年代人们能够明确分离出太阳大气的一种基本成分以后，才能得到答案。

这段历史代表着米尔恩最早最基础的研究成果，请让我追溯一下这段历史。

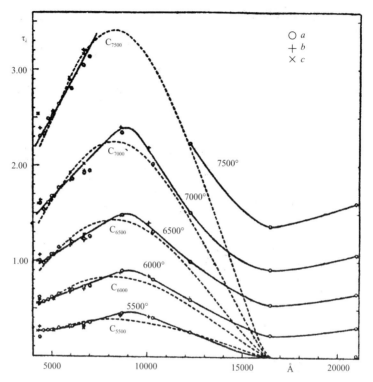

图 4 不同波长对应的光球层的光深（τ_λ）〔查隆格和考格诺夫（1946）〕，虚线代表 H^- 吸收；右边部分代表自由 - 自由跃迁

　　利用变分法可以确定原子系统基态能量的上限。1930 年,海勒拉斯和贝特各自独立地利用变分法揭示出：氢原子可以结合一个电子形成负离子，其结合能稍大于 3 / 4 电子伏特。但是，只有到了 1938 年，威尔特（Rupert Wildt）才回头研究这个 16 年前由米尔恩提出来，而后一直被回避的基本问题。威尔特指出，如果氢确实像其它证据表明的那样丰富的话，那么负氢离子一定是非常集中地存在于太阳大气层中。这是一个富有成效的建议，它是使后来恒星大气理论有可能取得进展

的关键。但是，在能够得出负氢离子是导致太阳大气连续吸收谱的原因之前，还有几个困难必须克服。

主要困难是从理论上判定负氢离子的吸收系数是否是连续变化的。在这儿现在不适于谈这个问题解决的历史。那些对此感兴趣的人，可以参考最近贝茨（David Bates）在《物理报道》（*Physics Reports*）上发表的一篇详细论述文章。图5（摘图中可以清楚地看出，负氢离子连续吸收系数再现了1922年米尔恩曲线中的几个基本特征（参看图4）。不可忽视的是，那时候负氢离子从理论预言是一个原子种类，但对这一理论预言的实验证明还需等待10年。

米尔恩的研究是现代天体物理学伟大的开端。关于这个问题讲到这里为止。

III

下面转入天体物理学发展的另一阶段。大约在米尔恩致力于太阳连续光谱研究的同时，福勒（R. H. Fowler）和达尔文（C. G. Darwin）致力研究的统计力学新方法正取得进展。那时候，萨哈在《哲学杂志》和《皇家学会会刊》上发表了一系列论文，首次将统计平衡理论（更确切地说，是热力学）定量地应用于恒星反变层（stellar reversing layers）。

萨哈的理论建立在下面的观察基础上：恒星大气的每一稳定电离态吸收不同的光谱，事实上是吸收一组不同的谱线。因而，在任何恒

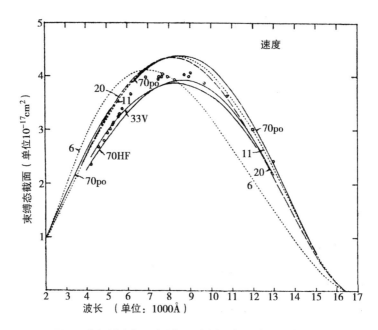

图5 H^- 的光致分离截面。实验数据取自史密斯（Smith）和伯奇（Burch）1959 年的研究成果。束缚态波函数的变分参数值标在每条曲线上。虚线表示放射出的电子用平面波近似的情况；实线表示放射出的电子作更精确近似的情况：70 po（po代表极化轨道），70 HF（HF代表哈特里–福克展开），33 v（v代表变分，由简化的科恩–费斯巴赫方法和罗顿堡–斯坦因束缚态函数得出）。所有的计算均依据速度矩阵元

星光谱中，连续光谱的吸收谱线的相对强度给出了不同电离态下的反变层中原子相对数量的某种信息，同时也就给出了温度和压强这两个状态参量的有关信息。萨哈早期应用这种思想，是基于对特征谱线的第一条和最后一条这样两条边缘谱线位置的分析。他指出，在这两个位置处，反变层中能吸收该特征谱线的原子的浓度一定非常小；如果能估算出相应的压强值，就可以推算出温度值。

这些早期计算的精度值得怀疑，因为对特征谱线的边缘谱线出现

的条件做精确描述是很困难的，我们不知道与边缘谱线对应的"非常小的"原子浓度究竟有多小；而且边缘谱线出现的位置还依赖于产生这种谱线的元素的相对丰度。福勒和米尔恩在1923—1925年间发表的一些论文中，对此问题重新阐述如下：

> 在其他条件都相同的情况下，恒星光谱中某给定吸收谱线的强度，总是随反变层中能吸收该谱线的原子浓度的变化作同样变化。

这样，就避开了有关谱线边缘出现的问题。福勒和米尔恩首先致力于确定恒星序列中某条谱线达到最大强度时的位置。在所述前提下，最大强度发生在能吸收谱线的原子的浓度最大处；为此所需的条件仅仅只有温度和压强。也就是说，一定压强下，谱线强度最大时的温度可以从平衡态性质简单地推导出来。这是第一种利用萨哈的理论定量处理恒星温度和压强问题的令人满意的方法。利用这种方法，福勒和米尔恩首次为哈佛巨系光谱型建立了一种理论温标，这是天体物理学的一个真正的里程碑。

随后，米尔恩又写了一些论文论述平均压强和平均温度的概念，这两个概念是他和福勒研究的基础，反过来又需要至少在两个方面重新定义。首先，必须明确"吸收谱线的强度"这一短语的确切含义；其次，要考虑到温度、压强的变化以及产生吸收谱线的吸收层的各种物理参数的变化。事实上，我们必须构造出恒星大气模型。尽管米尔恩指出在重新定义平均压强和平均温度的过程中，一些基本因素应全部考虑到，但他却没有对此做任何进一步的分析。更进一步分析和完善的工作落在潘尼柯克（Pannekoek）、安索尔德（Unsold）、明纳尔特（Minnaert）及其他一些人身上。建立恒星大气模型现在已成为一个科研热点，这一切均起源于萨哈、福勒和米尔恩在基本物理概念方面做出的不朽的努力。

IV

接下来我要谈的是米尔恩在恒星结构方面的研究工作。早在致力于恒星大气理论研究的同时，米尔恩就已经关注恒星结构理论方面的问题了。在1923年发表的一篇论文中，他考察了低速转动对爱丁顿标准恒星模型和质光关系的影响。这是一篇非常优秀的论文，它将数学和物理学的方法紧密结合起来〔请让我插一句，正是米尔恩的这篇论文促使我10年后创立了完善的畸变多方理论（theory of distorted polyrtopes）〕。

但是，直到1929年，米尔恩才真正将注意力转移到恒星结构问题的研究上来。由于同爱丁顿激烈的争论造成的压力的影响，开始并不怎么顺利。据我看，这场争论是一个令人不愉快的插曲，它对米尔恩以后的研究工作产生了非常不利的影响。在这里我不想对此争论评头论足，但是，无论怎样解释1929年以后米尔恩的工作，都不可能不涉及这段历史。

1926年，福勒在一篇奠基性的论文中指出，白矮星（如天狼星的伴星）内部物质的状态不可能是一种准确服从方程$P=R\rho T$的理想气体（式中P代表压强，ρ代表密度，T代表温度，R代表普适气体常数）；

它应该服从由当时新提出的费米-狄拉克统计给出的状态方程，而且是它的极限形式，即低于某一临界值的自由电子的能级均被占满，高于此临界值的能级均未被占据。换句话说，物质处于"简并"状态。

福勒的讨论充分证实，爱丁顿的假设——恒星完全是气态的，服从常规状态方程——不具普适性，上面提到的白矮星就是一个反例。白矮星中物质是简并的，压强和浓度的关系几乎与温度无关。因而，探索在什么时期和在什么条件下恒星内部物质发生简并，这在当时是一个顺理成章的研究课题。但是米尔恩的研究不是这样直接展开的。他是从如下的前提（至少他认为这是个先验的结论）开始的：所有恒星都存在简并区域，而且所有恒星可分为两大类：中心凝聚结构型和坍塌结构型。这两类恒星的区别主要在于简并区域的大小。

1931年，米尔恩发表了详细讨论这个问题的第一篇论文。在论文中，米尔恩提出了一些很有效的分析方法，用于建立复合恒星（Composite Stellar）结构。他认为在这种复合恒星结构的不同区域中，压强和浓度之间的关系是不同的。此外，米尔恩还鼓励他的老友福勒系统地研究支配多方分布的埃姆登微分方程的全部解。

〔插一句话，我想引用哈代在1931年1月举行的一次皇家天文学会的会议上的讲话，也许你们有些人记得，哈代20年代在牛津大学任Savillian教席的几何学教授。他（如像他后来向我承认的那样，当时心无诚意地）说：

作为一位数学家，关于恒星到底是什么的两种观点的

> 争论，我一点也不关心……但是我对福勒先生的论文有
> 特殊的兴趣……他的论文可能是论文集中唯一有永久价
> 值的，因为他肯定是对的，因而其他人的观点很可能被证
> 明是错误的。

恐怕哈代的预言大部分已经被证实了吧！

我们还是回到米尔恩的研究上来。米尔恩向皇家学会递交第一篇论文之前，他就已经被告知，完全简并的恒星其质量不能超过某个极限值；同时该事实又为恒星简并核所能包容的质量设置了一个上限；最后，考虑到大质量恒星中辐射压越来越重要，巨大质量的恒星肯定不可能产生简并区。但是，米尔恩没有接受这些事实，相反，他写道：

> 如果量子力学的结论与许多显而易见的推理发生矛盾
> 的话，那么，状态方程所依据的基本原理和先前提到的普
> 遍原理，其中必然有一个是错误的。开尔文关于太阳引力
> 年龄的计算看来是很完美的，但是它与许多当时还未认识
> 到的判断相矛盾。我很清楚，物质的行为不可能像你们描
> 述的那样……你们罗列出一群声名显赫的权威，如玻尔、
> 泡利、福勒、威尔逊等，这的确给人以深刻的印象，但这
> 并不能引起我的兴趣。

今天看来，米尔恩的消极态度显然使他不能认识到，正确利用费米简并可以直接导出如下的事实：质量巨大的恒星在耗尽能量之后，必须坍缩为黑洞。这个结论是由爱丁顿提出的，但又为爱丁顿本人和

米尔恩所不愿接受。他们的失败说明了靠自己的信念去考察世界是十分危险的。

正如我前面说过的，米尔恩在处理复合恒星模型的过程中，提出了一些很有效的分析方法。他的方法从理论上讲很适合处理具有简并核的恒星模型，恒星在它们各自的质量上限内，肯定会有简并核。米尔恩本应该很容易地完成这方面的工作。但是他没有做，这对于米尔恩本人和天体物理学来说都是不幸的。

V

对运动相对性和宇宙学的研究，是米尔恩最后阶段也是工作量最大的工作。在谈到这些研究之前，我想简单提一下1935年米尔恩在一篇论文中对恒星运动学的精彩分析。在论文中，米尔恩仿照斯托克斯的分析方法，分析了恒星系内部可能存在的差动运动（differential motions）。斯托克斯曾将流体动力学中流体运动分为三种运动形式：转动、剪切和扩张。从这种分析观点出发，恒星基速度的双正弦波（随银河径度而变化）具有一个同恒星间距离成正比的振幅，就显然不证自明了。米尔恩的分析为以后更多的动力学讨论奠定了基础。

VI

下面我要谈米尔恩科研工作的最后一个方面，他自己确认这一方面是他对科学做出的最重要的贡献。1943年7月6日，他在给我的信中涉及了他的宇宙膨胀理论：

> 我不知道我是否曾向你谈到过我对这种理论的看法，只知道它的理论结构与一般的数学物理有着惊人的不同。但我确信，一旦我的理论被人们认识后，它将被视为一种革命。这样吹捧自己的工作实属少见，但我内心的确是这么认为的。

也许将米尔恩先生仅对我个人讲的话透露出来是不合适的，但就我的看法而论，我不能对他的理论一味地去赞扬，对此我必须坦率地承认这一点。

在阐述他的运动相对论时，米尔恩坚决主张引力理论没有广义相对论也能够很完善。他为一本论文集写了一篇题为"没有相对性的引力"的文章，这本论文集在 1949 年被送给爱因斯坦。后来米尔恩的论文又被收集在《在世哲学家文库》第七卷《爱因斯坦：哲学家和科学家》（P. A. 希尔普编）中。作为答复，爱因斯坦在该书末篇中写道：

> 对米尔恩先生坦率的见解，我只能说他们的理论基础太狭隘。依我来看，一个人如果不利用广义相对论，他就不可能在宇宙学领域里通过理论研究获得任何可靠的成果。

与爱因斯坦的这一观点相对照，我们再列出米尔恩对广义相对论的看法：

> 用黎曼度规描述现象给出了建立概念的基础，爱因斯坦的引力理论无论如何也不能算是从这一概念基础导出的

> 必然结论。我从未相信过它存在的必然性……广义相对
> 论如同一个开满鲜花同时又杂草丛生的花园，近来期望的
> 鲜花盖过无用的杂草而使花园美丽壮观。

米尔恩接着说，"在我们的花园里只有鲜花开放"。

为了完整起见，我想谈谈自己的观点。广义相对论建立在下面的假设基础之上：一种引力理论应用于"小范围"的物体上时必须能还原为牛顿定律，比如处理太阳系中物体的运动；而且一个理论只有当它同其他物理定律相一致时（如纳入等效原理），它才能被推广到宇宙更大的范围中去。而米尔恩建构理论的顺序刚好与此相反。他假设我们可以先构造出宇宙理论，用它解决引力问题，然后再下推到小范围的现象中。米尔恩没有实现他的设想，也许这种设想本来就是不可能实现的。

好啦，现在你们已经听到了三种不同的权威观点。

虽然我从总体上否定了米尔恩的这段工作，但我应当立即指出，他的工作中有一些关键处仍闪耀着创造性的光辉。比如，米尔恩利用观察者交换光信号来分析洛伦兹变换就是准确而又经济的典范。应该让更多的人了解它，正如邦迪（Bondi）指出的：

> 我觉得，我们都深受米尔恩的教益，但对这一点说得
> 不够。他在宇宙学的研究中，引入了雷达测距法的设想。

接下来我想谈谈米尔恩的宇宙学思想，这些思想在现代科学中占有稳固的位置。

在20年代末和30年代初，作为统一宇宙理论基础的事实有2个：

1. 在一级近似下，河外星云的分布是局部均匀和各向同性的。

2. 星系在不断地远离我们，不同星系之间也在不断地远离，远离的速度与它们之间的距离成正比，就像哈勃定律指出的那样。

弗里德曼（Friedman）和勒迈特（Lemaitre）建立的相对论模型受到了欢迎，特别是受到了爱丁顿的欢迎。但此理论对上面两个事实的讨论有意无意地给人一种印象：只有广义相对论才能将上述两个事实融为一体。这就夸大了广义相对论的作用。米尔恩正确地指出，对上述2个事实有一个很简单的解释，并不一定需要引入任何特殊的理论。

观察到的宇宙膨胀和哈勃关系仅仅表明，我们现在所能观察到的星云曾经在某一时刻聚集在一个狭小的空间内。假设在时刻 t，星云聚集在一个狭小空间内（如图6），星云的速度方向各异但大小相等，设为 V。经过一段足够长的时间间隔 $(t-t_0)$ 之后，这些彼此相同的星云将向外分散运动，并局限在一个比较薄的球壳内，球壳的厚度为 $V(t-t_0)$。假设原来的狭小空间内除了包含速度大小为 V 的星云外还

含有速度大小为 $\dfrac{V}{2}$ 的星云，那么经过时间间隔 $(t-t_0)$ 后，这些星云将局限在一个厚度为 $\dfrac{V}{2}(t-t_0)$ 的球壳内。更一般地说，如果原始狭小空间内包含有各种速度大小的星云，经过一段足够长的时间后，速度大小各异的星云将会分散开来，也就是说，它们将分处在离中心距离不等的地方。并且遵守哈勃定律。用米尔恩的话说："物以类聚，人以群分。"

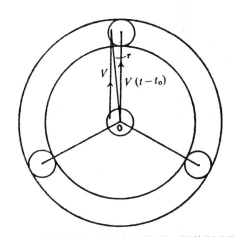

图6 对于一个开始局限于一个狭小空间内的系统，哈勃关系产生示意图

我们上面描述的简单模型表明，观察到的宇宙膨胀不过是宇宙初始高平均密度的一个结果罢了——今天没有人反对这一结论。

另外，正如米尔恩强调指出的，一个同质的粒子系统，所有的粒子都相对于某一取定的粒子作后退运动，其速度与它们到该粒子的距离成正比。这样的系统具有一个非常值得注意的特征：如图7所示，根据速度矢量合成的平行四边行法则可以证明，只要不太靠近边界，取系统中的任何粒子作为参考粒子，对系统中运动的描述效果都一样。

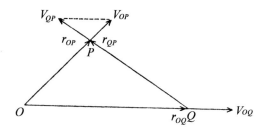

图7 图示粒子的速度与粒子间距离成正比的系统满足宇宙学原理。粒子P和Q均从O点开始运动，速度与它们距Q点距离成正比。但是，对于一个随粒子一起运动的观察者来说，粒子P唯一的可见运动是远离Q运动，速度与P、Q间的距离成正比

在这样的系统中，每个粒子都可以视自己为中心，其他粒子都在径向上离它而去，其速度与它们到中心粒子的距离成正比，并具有相同的比例常数。换句话说，宇宙就是一个同质和各向同性，内部的运动满足哈勃关系的系统，因而宇宙这样一个大系统就应该和上述粒子系统具有类似的特征：宇宙各星系具有共同的起源。即以任何一个星系作参考系来描述宇宙，效果都是一样的。米尔恩把这后一结论作为宇宙学原理（cosmological principle）提出来。他认为该原理是至高无上的，不容违背的，是他的运动相对性理论的核心。

由于前面我已提到过的原因，我不想对米尔恩的运动相对性理论作任何进一步的评价。但是，我应该讲清楚，根据米尔恩的想法，如何从宇宙学原理和牛顿定律推导出一个局部恰当的，而且同弗里德曼相对论宇宙模型相符合的宇宙描述。

显然，宇宙学原理要求对每一个观察者来说，宇宙相对于他自己都是球对称的。根据一个在牛顿理论框架和广义相对论理论框架中都有效的原理，如果一个系统中物质的分布相对于原点具有球对称性，

那么处在球边界上的粒子将仅受球内部物质的吸引作用。这样，只要扩张的速度远小于光速，压力对惯性的影响可以忽略，我们就可以利用牛顿引力定律和牛顿的概念体系分析该系统的动力学性质，而且可以期望这样处理的结果在所述的限制范围内对广义相对论的理论框架来说，也是有效的。的确，如米尔恩，更确切地说如米尔恩和麦克雷（McCrea）指出的，从牛顿理论分析得出的方程和从相对论分析得出的方程是一致的，当然也是在上述限制范围内。若超出了这个范围，即压强对惯性的影响不能不考虑，膨胀的速度可以和光速相比拟，那我们就必须借助于广义相对论了。

我不知道米尔恩是否同意我对他的思想的表达，是否答应我向广义相对论作出的让步。然而，我上面主要根据米尔恩的思想描述的理论，今天已是每个宇宙学的学生都必须学习的内容。

VII

从总体上看，米尔恩是怎样的一位科学家呢？

首先，最重要的一点是他善于将复杂的问题分解成一些基本要素，然后对每个要素逐个地分析其内涵和意义。干脆利落、精力充沛的著述风格是他敏锐分析能力的标志。他曾告诉我，他的笔常常跟不上一泻千里的思路。此外，他力求将分析性的问题解决得优美精致，并以此为乐。他的这一令人羡慕的特点洋溢在他所有著作中，尽管在后期的作品中这一特点被多少掩盖了一些，但那是出于自卫和争论的缘故。一旦气氛比较自由，思维不受约束了，他就会在他那奔流的思维中，以及他的论证的过程和构架中，把显而易见的愉悦传递给读者。尤其是在他妙不可言的著作《矢量力学》一书中，这种愉悦的感受可说达到了顶点。读者还可以从其他一些论文中得到相似的感受，虽然这些作品可能不是他科研工作的主流，但这些珍品以许多方式反映了米尔恩最优秀的一面。

如果让我选择一篇文章能体现米尔恩的创造力、他的风格和他对自己所做事情的酷爱的话，我将选择他于1933年发表在《牛津季刊》上的论文"非稳态动力学及其在造父变星光变上的应用"（就是连这篇文章也受到了一些不必要争论的影响）。1933年我们在我的剑桥寓所里谈话时，米尔恩向我讲述了包含在这篇文章中的思想。他想知道，造父变星的光变现象怎样才能用一个普通的理论框架而不需要参考任何内部特殊参量（比如温度和压强等）来解释。他说，造父变星说到底就是一部热机。根据他从纽沃尔（H. F. Newall）那里学过的关于格里菲思热机的知识，他很快建立了一个理论框架，由光变相对振幅的时间导数得出下面函数方程：

$$k\varphi(t) + \varphi\left[t + b + \varphi(t)\right] = 0 \tag{3}$$

其中，k 和 b 是两个常数。

方程（3）有许多值得注意的性质。例如，如果在某时刻 φ 为零，那么在一个时间间隔为 b 内的无限多连续瞬间，φ 均取零；如果 k 取1，则方程有周期解，周期为 zb；此外还有其他一些有趣的性质。

后来，米尔恩在一次皇家天体物理学会的会议上谈到这一工作时，曾不无自豪地说，既然方程（3）

> 给出的周期解再现了造父变星光变曲线的一些特点……那么建立一种分析（造父变星光变）理论，从中导出方程（3），不是不能做到的。

要对米尔恩作全面的评价，必须考虑到他在剑桥的早期岁月被第一次世界大战中断；1923年得了重病，这病于1950年夺去了他的生命；他一生中还掺杂着重大的个人悲剧：科研工作蒙受两次世界大战的影响，停滞多年；晚年又病魔缠身；更重要的是，和爱丁顿的争论使他的科学经历倍添苦涩。如果我们考虑到这些不利因素，再牢记他做出的许多实实在在的成绩，那么我们就会像他的老朋友和同事哈里·普拉斯克特（Harry Plasktett）那样公正地说："他虽死犹生，他的智慧永存。"

第 6 章
纪念 A. S. 爱丁顿诞辰一百周年讲座（1982）

（1）爱丁顿：当代最杰出的天体物理学家

I

1944 年 11 月，爱丁顿在他 62 岁的时候离开了人世。在大西洋彼岸，与他同时代的伟大人物罗素（H. N. Russell）为此写道："爱丁顿爵士逝世，天体物理学因此失去了自己最杰出的代表。"[1] 我这次讲座的头一讲，就是从罗素那里得到了启发。

在评价爱丁顿对天文学和天体物理学的贡献之前，我打算先作一些传略性介绍，这样，对爱丁顿个人风格可以有一个初步的印象。

阿瑟·斯坦利·爱丁顿（Arthur Stanley Eddington）1882 年 12 月 20 日出生在威斯特摩兰的肯特尔。父亲阿瑟·亨利·爱丁顿（Arthur Henry Eddington）是肯特尔镇斯特拉蒙加特学校的校长及校董。道尔顿（J. Dalton）100 年前曾在那里任教，48 年后爱丁顿被授予肯特尔镇荣誉镇民，他当时回忆说：

我父母婚后在肯特尔生活了一段不长的时间，但肯特尔的传统已深深印在我童年的记忆中。肯特尔一直将科学工作认作为一项最重要的公共服务，这不是从任何物质意义上，而是基于它对社会作出的贡献。我为此深感欣慰。肯特尔更早的时候就与科学和一位伟大的化学家联系在一起，这位或许是历史上最伟大的化学家，曾经是斯特拉蒙加特学校的校长，一百年后我父亲成为这同一所学校的校长，我也出生在那里。从道尔顿开始我们有了原子，我自己现在也成为一名原子研究者。道尔顿一定留下一些思想的胚芽，它们在斯特拉蒙加特延续。我喜欢想起那种连续性，能够沿着肯特尔伟大的科学家开辟的道路前进，我为此深感自豪。[2]

爱丁顿的父亲死于1884年，他的母亲带着两个年幼的孩子，斯坦利和比他年长四岁的姐姐温尼弗雷德，迁往滨流韦斯顿。在这里，爱丁顿很早就显示出对大数的迷恋；他学会了24 × 24乘法表，有一次开始数《圣经》有多少字。爱丁顿从未失去对大数的兴趣。在以后的生活里，写到天体大小和距离时他常喜欢明确地带上所有的零。比如，1926年爱丁顿在牛津给英国学术协会做晚会演讲时是这样开头的：

> 恒星具有相当稳定的质量，太阳的质量为 —— 我把它写在黑板上：
>
> 2000 000 000 000 000 000 000 000 000 吨。
>
> 但愿没写错数字零的个数，我知道你们不会介意多或者少一两个零。可大自然在乎。[3]

1935年爱丁顿的兴趣已转向天体宇宙，他是这样介绍这门学科的：[4]

	英里
太阳的距离	93 000 000
太阳系范围（冥王星轨道）	3 600 000 000
最近恒星的距离	25 000 000 000 000
最近星系的距离	6 000 000 000 000 000 000
宇宙的原始圆周长	40 000 000 000 000 000 000 000

谈到大数，最著名的当然要数他1939年出版的《物理科学的哲学》第11章开头一句：

> 我相信宇宙中有15 747 724 136 275 002 577 605 653 961
> 181 555 468 044 717 914 527 116 709 366 231 425 076 185 631
> 031 296个质子和相同数目的电子。[5]

这个数为136 × 2^{256}。后来人们称它为爱丁顿数。罗素问过爱丁顿，是他自己算出这个值还是让别人算出来的。爱丁顿说在一次跨越大西洋的旅途中自己动手算出的。

1893至1898年，爱丁顿在滨流韦斯顿的布里米林学校上学。记得爱丁顿曾告诉我，他在学校玩的一种游戏就是像刘易斯·卡罗尔那样编造出语法正确却无实际意义的英文句子。有一次他对我说起一个例子，"站在篱笆旁，听起来像一只萝卜（To stand by the hedge and sound like a turnip.）"。后来在他更严肃一些的著作中，爱丁顿习惯于引用这样的句子。他的斯沃思莫尔演讲"科学与未知世界"中就有这样的句子："人类个性无法用符号来估量，正如你无法摘录一首十四行诗的平方根一样。"[6]

我不想更深入地谈及他的童年教育，只想提到一个事实：他1898年进入曼彻斯特的欧文学院，一呆就是四年。他在欧文学院的老师包括舒斯特爵士和拉姆爵士（Sir Horace Lamb）。爱丁顿似乎对拉姆一直怀有深深的敬意。20年代初，爱丁顿已是英国科学界最著名的人物之一，据说他曾经说过："尽管我明白被人称作狮子般勇猛意味着什么，但我宁愿是一只羔羊（Lamb）。"

在曼彻斯特度过这段重要岁月后，爱丁顿于1903年依靠一份初级入学奖学金进入剑桥继续攻读，这份奖学金后改为中级奖学金。1904年他成为数学学位考试一等及格者；1907年获得史密斯奖学金，同年入选三一学院。1936年在哈佛大学的一个午餐会上，我有幸坐在怀特海（Alfred North Whitehead）旁边。怀特海是1907年的投票人之一。他回忆说他当时选择了爱丁顿，尽管另一位提交的论文篇幅长得多。怀特海回忆起此事时显得很自豪。

1907年，也就是被选入三一学院的同一年，爱丁顿应皇家天文学家克里斯蒂爵士（William Christie）之邀，进入格林尼治天文台任高级助手。在这个位置上干了5年，直到1912年被选为剑桥的普卢米安讲座教授，接替乔治·达尔文爵士。罗伯特·伯尔爵士（Robert Ball）

1914 年去世后，爱丁顿还担任了剑桥天文台台长。从此他在这个显赫的职位上一干就是 30 年。在剑桥，他先是与母亲和姐姐同住，后来又单独和他姐姐住在一起。

II

结束传记性介绍前，我想谈一谈爱丁顿的一般观点和习惯。爱丁顿是教友派信徒，作为一个教友派信徒，第一次世界大战期间，他是一个基于道义的反战者。下一次讲座里还要详细介绍他对那场战争基于道义的反对态度。这里我只想说说他 1929 年的斯沃思莫尔演讲"科学与未知世界"。爱丁顿在这篇演讲里极其诚恳地表述了他对宗教、科学和生命的看法：

> 宗教信条是一种巨大的障碍，它阻碍着科学家的观点与宗教所经常要求的观念达成一致……探索精神激励着我们，它拒绝将任何形式的信条作为探索的目标。如果发现有那么一所大学，那里的学生们需要完成的一项练习就是吟诵自己对牛顿运动定律、麦克斯韦方程和光的电磁理论的笃信和忠诚，我相信你一定震惊不已。即便背诵的是我们自己钟爱的理论，或者是近几年新的理论，我们依然为此遗憾。如果教育学生应将这些结果当作需要背诵和认可的东西，学生们就根本理解不了科学训练的意图。科学可能达不到自己的理想；而且尽管冲突的危险不至于以这种极端的形式表现出来，可真要在信条和教义面前坚持我们的立场，通常并不容易做到，

对通俗科学来说也是如此。

拒绝信条与保持生活信念并不矛盾。科学没有信条，并不等于我们对信仰漠不关心。我们的信念不在于相信已有关于宇宙的全部知识永远正确，而是确信我们仍在前进途中。如果说我们所谓的事实是变化着的阴影，那么这阴影正是永恒真理之光投下的。

信念与盲目自信是完全不同的两回事。[7]

有一件小事。爱丁顿的朋友们都知道他非常喜欢在春秋两季独自骑车旅行。可也许只有少数人知道他对旅行作了细心记录。我1936年12月离开剑桥前，爱丁顿曾给我看过一大张英国巴塞洛缪旅行地图，上面布满他仔细描出的前些年旅行经过的不同路线。他还告诉我摊开看的那张已是第二张地图，他养的狗把前面那张撕烂了，害得他重弄一张地图，并将第一张地图上的全部路线抄录下来。

爱丁顿还告诉过我，在格林尼治任高级助手时，他和西德尼·查普曼（另一位旅行酷爱者）曾订出一条衡量旅行记录的指标。该指标指的是一个最大天数N，在不同的N天里骑车行走N英里以上的路程（我后来有次向查普曼提起这个指标时，他已记不起来；但他记得自己经常和爱丁顿比较旅行记录）。

爱丁顿后来给我的每封信都要谈及最新的N值，这也许令人感动。以下摘自他的两封信：

我旅行的N值还是75。今年复活节运气不佳，骑车旅行两次，可只有74.75英里，没有用。还需另外四次骑车旅行才能完成下次跃迁。然而，那几天天气和地方都不错，特别是南威尔士……明天我得穿上神秘的衣服——短裤和丝质长筒袜！还有英王授予的勋章。（1938年7月4日）

现在N值为77。我记得你在时还是75。最近的跃迁发生在几天前，那天我在沼泽地里骑了80英里。由于无法得到夜宿的地方，1940年以来一直没有骑车旅行，所以记录前进得很慢。（1943年9月2日）

最后一件事。爱丁顿特别喜欢做《泰晤士报》和《新政治家和国家报》上的纵横字谜。解开一个字谜他很少有超过5分钟的。爱丁顿有时让我看着他解字谜，速度之快令人惊讶。

III

允许我现在转而评价爱丁顿对天文学和天体物理学的贡献。1906年爱丁顿开始投身天文学时，格罗宁根的卡普坦（J. C. Kapteyn）已作出一项革命性的发现。卡普坦是研究恒星运动的一位伟大先驱。他的发现如下：

在那以前，人们一直以为，恒星处于一个局部静止系统中，其运动完全是随机的，不存在任何偏离的方向，这就是说在这种系统之中，其周围恒星的平均速度为零。关于恒星本征运动和径向速度，它们所揭示的一个基本问题就是确定太阳的运动，也就是确定太阳在其周围恒星所决定的静止系统中的"奇异速度"。根据速度不存在偏离方向

的随机性假设，本征运动分布投影到小天区时应为一个拉长的椭圆
[见图1(a)]。但卡普坦看到的并非如此，他发现是一条双叶曲线[见
图1(b)]。

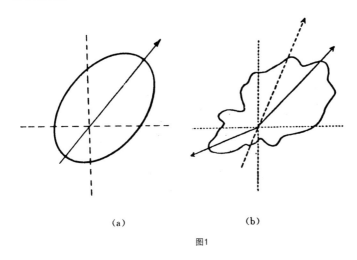

(a)　　　　　　　　(b)

图1

爱丁顿对卡普坦的发现作了如下描述：

现在出版的"格罗宁根出版物"系列谈到这些问题，
其中最有趣的当数第六本。但是，去图书馆查阅该书却是
枉然，因为第六本中那些有趣之事并没有写出来。自然界
发生了意外的变故，与第六本书原先详细叙述的设想不符。
第六本书题为《宇宙速度之分布；第一部分理论》，研究的
是当太阳的运动和距离变化时，恒星沿自身方向随机运动
的统计特征。与此同时，还准备比较观察得到的奥维尔－
布拉德雷本征运动，以确定公式中的数值常数。这个理论
尽管代表着当时公认的观点，可结果根本不对。甚至完全

无法比较；人们不得不放弃使用这个公式。这就是卡普坦关于两个恒星流的伟大发现，它是1905年在南非举行的英国学术协会会议上宣布的。这个发现第一次揭示了恒星系统的某种结构，为研究相距遥远的恒星个体间的关系开创了一个新纪元。[8]

爱丁顿和卡普坦假设，可形式地将太阳周围的恒星看作两个群或者流，它们处于相对运动中，并且每个群内的运动是独立随机的。他们由此就可说明恒星本征运动分布的观察特征。这就是卡普坦爱－丁顿二星流假说。根据这一假说，以前提出的麦克斯韦速度分布假设，也即

$$dN = N \frac{j^3}{\pi^{3/2}} e^{-j^2 |u|^2} du, \tag{1}$$

要用下式代替

$$dN = N_1 \frac{j_1^3}{\pi^{[1/2]}} e^{-j_1^2 |u-u_1|^2} du + N_2 \frac{j_2^3}{\pi^{[1/2]}} e^{-j_2^2} |u - u_2|^2 du, \tag{2}$$

其中，N_1，N_2分别为两个星流的恒星数目，u_1，u_2是星流在局部静止系统中的速度，j_1，j_2是星流中恒星相对平均速率。另外，速度分布（2）相对于局部静止系统，它满足：

$$N_1 u_1 + N_2 u_2 = 0 \tag{3}$$

在格林尼治的那段时间里，爱丁顿写了好几篇论文讨论用分布（2）描述恒星运动的动力学。他还提出了确定星流 N_1，N_2，u_1，u_2，j_1，j_2

图2 爱丁顿与卡普坦，1922年5月摄于罗马

等参数的分析方法。根据所掌握的恒星本征运动方面的知识，爱丁顿求出了这些参数。爱丁顿的这些文章表现了理论与观测的非凡综合，反映了他对天文观测结果的犀利洞察力。

卡普坦-爱丁顿二星流假说颇令人满意，可卡尔·史瓦西就同样的观测给出了另外的解释。史瓦西的出发点在于，在适当取向的参照系中，用更一般的椭球分布代替麦克斯韦分布（1），即

$$dN = N \frac{j_1 j_2 j_3}{\pi^{3/2}} \exp\left(-j_1^2 u_1^2 - j_2^2 u_2^2 - j_3^2 u_3^2\right) du_1 du_2 du_3 \tag{4}$$

爱丁顿本人认为史瓦西公式是解释卡普坦发现最优美、最合适的方法。这种解释一直保留到现在。

爱丁顿1914年出版了第一本著作《恒星运动与宇宙的结构》。作为这一阶段成果的总结，爱丁顿书中以大量的篇幅对当时已有恒星运动知识，做了系统表述。但最后一章"恒星系统动力学"却开辟了有前途的新天地。爱丁顿先证明两星相遇不能有效改变单个恒星的运动方向，而后得出结论：决定恒星在六维相空间分布的函数 $f(x, y, z, u, v, w, t)$ 需由恒星处于平滑引力势中的动力学轨道，也即六维刘维尔方程（Liouville equation，或我们现在所称无碰撞玻尔兹曼方程）的解来确定。

在1915年和1916年发表的论文中，爱丁顿求出了刘维尔方程的解，它与史瓦西的速度椭圆分布一致；特别是得到适合球对称星系的自洽解。与此类似，爱丁顿第一次提出了应用维里定理（Virial

theorem）将群集恒星的平均动能与其平均势能联系起来的方法 ——
至今这种方法在银河系和银河系族这样更大的天体情形下仍然有用。

因此，完全可以说爱丁顿创立了恒星动力学这一仍颇具生命力的
学科。

IV

下面我要转向的话题无疑是爱丁顿对物理学最重要的贡献 ——
创立现代理论天体物理学，开辟恒星结构、组织和演化的新学科。
1916年为理解造父变星亮度的变化，激发了他对恒星结构的兴趣；随
着《恒星的内部结构》的出版，这种兴趣达到了顶点。人们应当记
住，在这同一个10年间，爱丁顿参与了对日食现象的观测，它提供了
光通过引力场发生偏转的第一个证据 —— 他后来称这件事为他在天
文学研究中最激动人心的事件；除此以外，他还写出了《相对性的数
学理论》（1923），更不用说《关于引力相对论的报告》（1915）以及
他深受欢迎的两本书：《空间，时间与引力》（1920）和《恒星与原子》
（1927）—— 这是硕果累累的10年。

在恒星内部结构领域，爱丁顿认识并建立了以下我们现在理解的
基本原理：

1. 辐射压对维持恒星平衡的重要作用，随恒星质量的不断增长
越来越大。

2. 恒星内部达到辐射平衡时的情况与对流平衡不同，辐射平衡时温度梯度由能源分布和恒星物质对优势辐射场的不透明度分布共同决定。确切地说有

$$\frac{dp_r}{dr} = -k\,\frac{L(r)}{4\pi cr^2}\,p,\; p_r = \frac{1}{3}\alpha T^4 \tag{5}$$

和

$$L(r) = 4\pi \int_i^r \varepsilon\rho r^2 dr \tag{6}$$

这里，p_r，κ，ε 和 ρ 分别表示辐射压，恒星不透明度系数，每克恒星物质的产热率和密度。另外，α 为斯蒂藩辐射常数，c 为光速。

3. 影响不透明度系数 κ 的主要物理过程取决于软 X 射线区的光电吸收系数，也即取决于高度离子化原子的最内部的 K 层和 L 层的电离作用。

4. 电子散射是星体不透明度的最终源泉，对于维持质量为给定值 M 的恒星来说，光度有一个上限。最大光度由下式给出：

$$L < \frac{4\pi cGM}{\sigma_e} \tag{7}$$

其中 σ_e 为汤姆逊散射系数，最大光度现在通常称作爱丁顿极限。爱丁顿极限在目前有关黑洞周围 X 射线源和吸积盘光度的研究中发挥着重要作用。

5. 一级近似情况下，普通恒星（也即主序恒星）的质量、光度、有效温度关系对恒星能量源分布不是很敏感，因此，即使对恒星能量源了解不多，仍能建立某种关系与观测作比较。

6. 氢变成氦是恒星最可能的能量来源。

爱丁顿60年前作出的这些推断，在当时以至现在仍然有效。

我想对其中的一些推断加以展开，以揭示爱丁顿应付这类问题的思路。

爱丁顿得出，辐射压是恒星平衡的一个因素，恒星质量越大则辐射作用就越大，我们首先考察确立这一结论的方法。我们可以回忆一下，爱丁顿带上所有的零写出太阳的质量时，他评论说，人们不应认为零的确切数目没有什么特别的意义，因为"大自然在乎"。

爱丁顿在《恒星的内部结构》一书中得出结论的方式是，他想象这样一位科学家：

> 在一颗云雾缭绕的行星上，这位物理学家对恒星闻所未闻。他计算着一系列大小不同气球体（globes of gas）的辐射压与气压之比，比如说从质量为 10 克的球开始，然后是 100 克，1000 克，继续下去，至第 n 个球，其质量为 $10n$ 克。表1给出更有意义的部分结果。

表1

球序号	辐射压	气压
30	0.00000016	0.99999984
31	0.000016	0.999984
32	0.0016	0.9984
33	0.106	0.894
34	0.570	0.430
35	0.850	0.150
36	0.951	0.049
37	0.984	0.016
38	0.9951	0.0049
39	0.9984	0.0016
40	0.99951	0.00049

该表其余的部分主要是9和0组成的长串。只是第33号至35号球这一特殊的质量范围才有意思，这以后又变成9和0的串。如果说物质与以太（气压与辐射压）之间存在一场较量，这场较量完全是一边倒，只是在第33至35号球之间有些例外。可以预料那里出现了什么事。

"出现"的正是恒星。

我们的物理学家一直在云雾下面工作，现在掀开云雾的面纱，他得以仰视天空。那里发现有10亿个气球体，质量几乎都在第33和35号球之间，也就是说质量在太阳质量的一半至五倍之间。已知恒星中，最轻的恒星约为 2×10^{32} 克，最重约为 2×10^{35} 克。大部分在 $10^{33} \sim 10^{34}$ 之间，辐射压与气压抗争的严峻挑战就在这里开始了。[9]

表1的计算基于这样的假设：气压 (p_g) 与辐射压 (P_r) 之比 $\beta / (1-\beta)$ 在整个恒星范围内为一常数；并且平均分子量μ为2.5。本来μ=1.0更切合实际一些，那样每个球的质量会以因子 $(2.5)^2 = 6.25$ 的倍数增加。这个因子的意义并不大。可爱丁顿有两个重要问题没有涉及。其二，尽管计算结果清楚表明上述计算涉及质量大小和星体尺寸（带上所有的零！）的自然常数的组合，可爱丁顿并没有将它分离出来，鉴于他后来对自然常数的专注，这种疏忽颇令人惊讶。实际上，在我们感兴趣的范围内，决定星球质量的自然常数组合为

$$\left[\left(\frac{k}{H}\right)^4 R\frac{3}{\alpha}\right]^{1/2}\frac{1}{G^{3/2}} \qquad (8)$$

其中，H为质子质量，G为引力常数，k和α分别为玻尔兹曼常数和斯忒藩常数。斯忒藩常数的值为

$$\alpha = \frac{8\pi^5 k_4}{15h^3 c^3}, \qquad (9)$$

其中h为普朗克常数。将它代入（8）式，我们发现所涉质量大小的自然常数组合为

$$\left(\frac{hc}{G}\right)^{3/2}\frac{1}{H^2} \cong 29.2\odot \cong 5.2\times10^{34}g \qquad (10)$$

可以这样说，现行的恒星结构和恒星演化理论的成功，很大程度上基于正确提供了上述恒星质量大小的自然常数组合（这里说明一下，质量大小的一般组合为

$$\left(\frac{hc}{G}\right)^{\alpha} \frac{1}{H^{2\alpha-1}},\qquad(11)$$

其中，α是任意的，$\alpha=1/2$时，上式包含了普朗克质量 $[(hc/G)^{1/2})]$。

表1所示的计算中，爱丁顿没有提到的第二个问题是：为什么辐射压与引力抗争的范围与"恒星的发生"有关？在这个问题上，爱丁顿没有在他的"标准模型"（即辐射压与气压之比在整个恒星中为常数）上进行讨论，那样他本可以采用他自己的一条定理——稳定性定理，即，恒星中心的压力要比相同质量、相同中心密度、密度均匀物体的中心压力小，以此可以说明恒星中心的辐射压与总压力之比小于只考虑恒星质量所计算出的结果。这样一来表1由表2替代，而对被云雾围绕的行星上那位物理学家来说，结论是一样的。

表2

$(M/M_{\odot})\ \mu^2$	辐射压	气压
0.56	0.01	0.99
1.01	0.03	0.97
2.14	0.10	0.90
3.83	0.20	0.80
6.12	0.30	0.70
9.62	0.40	0.60
15.49	0.50	0.50
26.52	0.60	0.40
50.92	0.70	0.30
122.5	0.80	0.20
224.4	0.85	0.15
519.6	0.90	0.10

关于其他一些关键方面，有一项与恒星不透明性相关的工作，充分展示了爱丁顿进行天文学推理时，对待物理学理论的态度。在考虑有关恒星不透明性问题时，他请教了 X 射线及 γ 射线专家埃里斯（C. D. Ellis）并受益匪浅。另外，克拉默斯有一篇著名的论文，第一次对光电电离的原子截面从理论上作了估算，而这正是爱丁顿所需要的。不过，在克拉默斯论文发表之前，爱丁顿已经根据原子核直接俘获电子的假设提出了自己的理论，这种假设在物理学上是站不住脚的。他还坚持将他的理论与天文学联系起来，反对包括卢瑟福在内的许多物理学家提出的有说服力的证据。只是在克莱默斯论文发表并且其理论推断与实验结果被验证一致后，爱丁顿才放弃自己的理论。可根据克拉默斯的不透明性定律，天文观测结果与理论质光关系将相差十倍以上。1932 年爱丁顿消除了这一偏差（斯特龙格伦也独立地做到这一点）。他的做法是采用氢和氦的高丰度值，那时罗素已通过对太阳大气元素丰度的分析确定了这一点。然而由此得出恒星的构成并不都是一样的结论，爱丁顿过很久才承认。事实上，爱丁顿更早的时候就认识到，只要假设氢丰度很高，并且恒星平均分子量接近于 1，就可以解决不透明性偏差问题。但这一假设会破坏自己关于"恒星的发生"的证据。按照爱丁顿的特点，他本该得出这样的结论："我宁可给这种不一致性找到另外的解释。"

爱丁顿关于恒星能源的预测大概是他作出的最壮观的预言。1920 年 8 月 24 日他在卡迪夫给英国学术协会作的报告中，包含了所有天文学文献中最富预见性的论述。

只是出于传统的惰性才使得有些人仍然不肯放弃收缩

假说，其实，它不再活着，只是一具未被埋葬的尸首。可是，在我们决定埋葬这具死尸之前，我们得坦率地认清我们目前所处的位置。恒星以未被我们了解的方式，动用某个巨大的能量储备库作能量源。这个能量库几乎只可能是亚原子能量，众所周知，这种能量在所有物质中都大量存在。我们有时梦想总有一天人类学会如何让它们释放出来，为已所用。这一储备几乎取之不竭，只要它能被发掘出来。太阳的能量足够它的热量继续输出 1150 亿年……

阿斯顿进一步确证氦原子的质量比进入其中的四个氢原子的质量之和还小——至于这一点，化学家们无论如何是同意的。聚合过程中质量损失总计 1 / 120，氢的原子量为 1.008，氦的原子量只有 4。我不想详述阿斯顿给出的精彩证明，因为你们可从他那里了解这些。质量不可能消灭，其赤字部分只可能在嬗变过程中以能量的形式释放出来。于是我们立即可以算出氢变为氦时释放的能量。如果最初恒星质量的 5% 由氢原子组成，这些氢原子逐渐合成更复杂的元素，其间释放的能量就超出我们的需求，我们也就无需进一步寻找恒星能量的来源。

确实，如果恒星的亚原子能量可随意用来维持其巨大熔炉，控制这一潜在能量造福人类——或毁灭人类的梦想，就似乎离现实更近一步。[10]

在关于恒星能量来源问题上，老一代的天体物理学家会回忆起爱丁顿在进行辩驳时的一段名言：

举例来说，已经有人表示反对，认为恒星温度不足以使氢嬗变为氦，从而对这一可能的能源不予考虑。可氦是存在着的，对于批评家来说，力陈恒星温度如何不够并无太大用处，除非他能够向我们指出一个更热的地方来。[11]

V

我在开头曾说过，爱丁顿对恒星内部结构的兴趣，源于他试图解释造父变星所显示出的恒星可变性和周光关系而做出的努力。里特尔（Ritter），早些时候对处于对流平衡中的气态恒星绝热脉动进行了分析，爱丁顿对分析结果做了推广。并将它应用在按他的标准模型建立的辐射平衡恒星上。爱丁顿接着将得到的周期公式与他的质光关系结合起来，从而能够以一种普遍的方式解释观测得到的造父变星的周光关系。有关恒星可变性的脉动理论就这样逐渐建立起来。

爱丁顿对造父变星可变性的初步分析，没有提供诸如恒星亮度、有效温度和径向速度等变量间的标准位相关系。然而他清楚认识到，大量的元素氢和氦在恒星外层被电离并形成对流区，只有仔细研究那里的能量转移机制，才能理解这些位相关系。爱丁顿以后几年多次回到这一问题。事实上，他最后发表的论文之一就是专门讨论这个问题的。只是到了后来，由于史瓦西、莱托（P. Ledoux）和克里斯蒂（R. christy）的共同研究，才最终解决了这个问题。

虽然爱丁顿对天体物理学的主要贡献在恒星结构领域，这决不是说他对天体物理学其他领域的贡献不重要。他提出了辐射转移问题的

一种近似解决方法 ——"爱丁顿近似"；他解决了恒星大气中谱线的形成问题，这在恒星大气理论发展初期常常用到；他还讨论了相距很近的双星系统的反射效应，人们根据双星的星蚀分析光线弯曲，以确定单个恒星的质量时，这种效应必须考虑。爱丁顿在后一项工作中考虑的问题。正是分层平面大气中有关光的散射与透射这一更大问题的原型。这一学科后来才逐渐成熟起来。

在天体物理学的这些研究领域中。最重要的或许要数爱丁顿引入了"稀释因子"（dilution factot）—— 他发明的这个词沿用至今，在确定星际空间电离状态时，这个因子可以使我们考虑到主辐射场场强的减弱。也是爱丁顿最先修正了"生长曲线"方法，将它应用于星际吸收谱线问题。安索尔德（A. Unsold）和明纳尔特（M. Minnaert）提出的"生长曲线"方法，可用于根据恒星吸收谱线强度得出元素的相对丰度。

爱丁顿对星系动力学和天体物理学的兴趣集中体现在他以下预言上：由星际吸收谱线确定的径向速度与银河纬度有一定关系，由这种关系确定的径向速度存在一个幅度，这个幅度应是恒星吸收线所表现出的一半；后来斯特路维（O. Struve）和普拉斯克特（J. S. Plhaskett）通过观测完美地证实了这一预测。

至于《恒基的内部结构》，它包含了目前为止我已介绍过的大部分内容，罗素曾说过："这本著作堪称一部第一流的杰作。"[12]

VI

我在叙述爱丁顿对恒星结构的贡献时，只字未提他先后与琼斯（Jeans）和米尔恩进行的连续论战。从现在流行的观点看，当时争论的问题似乎并不是很重要：随着对恒星能源的理解加深，一些悬而未决的问题需要不同的表述和不同的解决办法。应该说，爱丁顿对待自己科学对手的方式并不总是很公平，在1929年12月的皇家天文学会会议上，米尔恩宣读了一篇论文。爱丁顿对此回应如下：

> 米尔恩教授没有详细谈及为什么他的结论与我的有如此天壤之别。我对文章其余部分兴趣索然，若对它的正确性还存有丝毫幻想的话，那太荒谬了。[13]

争论时使用的语言有时显得近乎刻薄，以下摘自琼斯发表在《天文台》杂志的两封信，充分说明了这一点：

> 人们在等温平衡方面已经做过大量的工作，因此很难理解爱丁顿教授怎会抱有这样的错觉，似乎他正在未被探索的领域从事开拓性的工作。他完全不参考其他人的理论工作（除了引用埃姆登的一些数值计算结果外），这一事实表明情况确实如此。（1926年8月）
>
> 结束本信时请允许我谨向爱丁顿教授保证，如果在将来他能够戒除对我的工作的野蛮攻击，尽管他无法对我的工作加以证实，同时一旦发现我以前的工作对他有所裨益而按惯例表示他的谢意，从而清除我们之间长期不和的根

源的话，我会感到莫大的快乐。我更看重的是上述请求的后一部分，因为我发现我引进天体物理学的一些最富成效的思想，如物质的湮灭是恒星能量的来源，以及高度电离的原子和自由电子是组成恒星的物质等，现在都相当普遍地归于爱丁顿教授了。（1926年11月）[14]

我想以一段轻松的轶事中止这些让人不愉快的插曲。

大家知道，爱丁顿有时喜欢看赛马，不时带他的姐姐一起去参观纽马克赛马大会。哈代一定知道此事，因为有一次我听他问爱丁顿是否赌过马。爱丁顿承认曾经赌过，"不过只有一次。"哈代很想知道那次赛马的情况；爱丁顿解释说一匹名叫琼斯的马飞跑着，他无法抗拒诱惑而在它身上下了注。问他赢了没有，爱丁顿带着他特有的微笑回答说："没有！"

（2）爱丁顿：广义相对论的阐述者和倡导者

我上一次讲座主要探讨了爱丁顿对理论天体物理学的贡献，并具体说明罗素对他的评价是恰如其分的。罗素认为爱丁顿是他那个时代天体物理学最杰出的代表。我在这次讲座里准备涉及这样一些内容：爱丁顿是广义相对论的阐述者和倡导者；为验证爱因斯坦关于光在引力场中发生偏转的预测，格林尼治-剑桥联合考察队观测了1919年5月29日的日食现象，爱丁顿在这次考察中起到什么作用；在长达16年以上的时间里，爱丁顿在宇宙学以及 —— 用他自己的话说 ——

"统一量子论和相对论"方面所作的努力。不过，与上次讲座相比，这次讲座恐怕并不完全令人愉快。

我想还是先从较愉快的一面谈起。

VII

爱因斯坦1905年创立了狭义相对论原理，接下来的十年里他致力于使牛顿的引力理论与狭义相对论中的两个原理，特别是任何信号都不能以超过光速的速度传播这一原理相一致。在经历多次失败后，1915年夏秋季爱因斯坦在写给柏林科学院的一系列引人注目的短信中，达到了目标。战争仍在进行，要不是荷兰的中立以及爱因斯坦与洛伦兹（H. A. Lorentz）、埃伦菲斯特和德西特（W. de Sitter）的私交（见图3），爱因斯坦成功的消息就不可能越过英吉利海峡（更不必说大西洋了）。德西特将爱因斯坦论文的复本寄给爱丁顿，并在1916—1917年间将他自己的三篇论文送交皇家天文学会，这三篇文章部分是阐述性的，部分是他本人的贡献。现在所称的德西特宇宙，在上述三篇文章的最后一篇里做了描述。

那时爱丁顿担任皇家天文学会秘书职务，他必须对德西特的论文进行处理。从他在1917年12月的皇家天文学会议上对德西特三篇文章最后一篇所做的说明，人们可以推测他仔细阅读了这些文章，并亲自进行了审定。[15]

人们会记得，爱因斯坦在最后一封信中阐述了他的基本场方程，结束时还预言般地说："任何充分理解这一理论的人，都无法逃避它的魔力。"爱丁顿一定是着了魔，因为不到两年时间，他就为伦敦物理学会写出了《关于引力相对论的报告》。这是一篇情绪激昂的报告，写得清晰而又简洁，即使在今天，它仍是低年级学生的一本好的入门读物。

图 3（左上起顺时针）A. 爱因斯坦，P. 埃伦费斯特，W. 德西特，H. A. 洛伦兹和A. S. 爱丁顿。1923 年 9 月 26 日由德西特的大儿子（现为莱顿大学地质学教授）摄于德西特书房

VIII

毫无疑问，正是爱丁顿对广义相对论的热情，成功地影响了他的亲密朋友和同事费兰克·戴逊爵士，并使这位皇家天文学会会员对广义相对论着了迷；不久，他们共同制订了一个考察计划，如果"那个时刻到来之际文明状态允许的话"（引自琼斯之语），他们打算对1919年5月29日的日食现象进行观测。对于自己参与制订这次考察计划并取得成功一事，爱丁顿认为是"我在天文学研究中最激动人心的事件。"有许多有趣的事情，真不知该从何说起。请让我先谈谈爱丁顿曾给我做的说明。

记得有一次，我告诉爱丁顿说我非常钦佩他的科学敏感性：在未来显得异常暗淡的情况下，他还制订了那次远征的计划。令我吃惊的是，爱丁顿对这一评价未做任何赞许，并还告诉我，如果全由他自己决定，他决不会组织那样的考察，因为他完全相信广义相对论的正确性！他还介绍了参与这次考察的经过。这些我在《皇家学会评论和记录》[16] 上介绍过，不过请允许我再重复一下。

1917年，战争已进行两年多，英国制订了对所有强壮男子的征兵法令，爱丁顿时年34岁，符合征兵条件，但作为热心虔诚的教友派信徒，他是一个基于道义的反战者。人们知道而且预料他会以此为理由要求延缓服兵役。第一次世界大战期间，英国国内的舆论对于那些真诚的反战者是非常不利的，事实上，与拒服兵役者结交被认为是一种社会耻辱。那个时候，剑桥的一些忠实朋友们，如约瑟夫·拉莫爵士（Joseph Larnlor，拉莫进动即以他的名字命名）、纽沃尔（H. F. Newall）教授及其他一些人，试图通过内政部以使爱丁顿缓服兵役，他们提出的理由是：爱丁顿是一位著名科学家，让他在军队服役不符合英国的长远利益。英国科学家们对莫斯利（Moseley）阵亡加里波利的事记忆犹新。拉莫等人的努力差不多就要成功，内政部给爱丁顿去了一封信，他只需签上自己的名字寄回就行了。可爱丁顿在回信上加了一个附注，大意是说如果不能因为所述理由缓服兵役的话，他就以基于道义的反战来要求缓服兵役。这样的附注自然将内政部置于窘境，因为规定凡拒服兵役者必须送入军营；拉莫他们为此也非常生气。但爱丁顿告诉我说，他不明白他们生气的理由。当他表达自己意见的时候，他的许多教友派朋友正在北英格兰的军营里削马铃薯皮，他认为他没有任何理由不和他们一起。显然是由于戴逊的调停（作为皇家天文学家，他与海军军部联系密切），爱丁顿终于延缓了兵役，他们达成明确的条件：如果战争在1919年5月前结束，爱丁顿就要率领一个考察队去验证爱因斯坦的预言！

关于这些事件已公开发表了一些略有不同的说法；不过它们仅在侧重点和较次要的情节上有所不同。好在爱丁顿本人也曾叙述了这次考察的计划和进行过程。他写道：

> 光线的弯曲影响太阳附近的可见恒星，因而只有在日全食期间，月亮遮住眩目的太阳光线时，才能进行观测。即使在那时，仍有大量的日冕光线在日面上延伸很远。因此，必须观测太阳附近很亮的恒星，它们才不会淹没在日冕的强烈照射之中。另外，这些恒星的位移只能相对于其他一些恒星来测量，那些恒星离太阳较远而且位移较小；

我们需要一定数量的外围亮星作为参考点。

在迷信年代，自然哲学家若想进行一项重要实验，就会求助占星家确定实验的黄道吉日。今天的天文学家借助更可靠的理性，经研究后人们发现，一年中观测光线最好的日子是5月29日。理由是太阳绕着黄道的周年转动中，要穿过稀密不同的恒星域，但只是在5月29日这一天，太阳处于一团由明亮恒星——毕宿星团的一部分——组成的特殊区域的中央。这真是理想的最佳星域。如果在历史上别的时候提出这样的问题的话，或许得等上好几千年才会在这个幸运日子发生日全食，可运气好得出奇，就在1919年5月29日发生了日食……

1917年3月，皇家天文学家（戴逊爵士）提醒人们注意这个难得的机会；皇家学会和皇家天文学会组成的一个委员会开始了观测的准备工作……[17]

……在大战中的1918年就开始制订计划，但直到最后一刻还不能确定考察队能否出征……戴逊爵士在格林尼治组织了两个考察队，一个去巴西的索布拉尔，另一个去西非的普林西比岛。克罗梅林（A. C. D. Crommelin）博士和戴维逊（C. Davidson）先生去索布拉尔，柯丁罕（E. T. Cottingham）先生及我去普林西比。

仪器制造商们在停战前无法动工；同时因考察队必须在二月份起航，准备工作就相当匆忙。去巴西的那一组碰上好天气；由于一些偶然情况，他们的观测结果一直拖了好几个月才整理出来，不过最终还是提供了最具决定性的证明。我在去普林西比的那一组。发生日食那天，那里正巧赶上阴雨和多云天气，几乎没有任何希望。将近全食的时候，太阳开始发暗；我们仍然完成了工作计划，但愿情况不会太糟糕。云层一定是在日全食结束前变薄了，因为尽管有许多照片报废，我们还是得到两张底片，上面有我们所期望的恒星图像。将这些照片与对同样星域在太阳处于别处时拍下的照片做比较，两者之间的差别就表明，恒星由于光线经过太阳附近发生弯曲而造成表观位移。

当时我们面临的情况，存在三种可能性；或许根本不存在什么偏移，也就是说光线不受引力的影响；或许存在"半偏移"，正如牛顿所言，光受重力的影响，遵从简单的牛顿定律；或许存在"全偏移"，从而证实了爱因斯坦定律而非牛顿定律。我记得戴逊将所有这些解释给我的同事柯丁罕听了以后，将主要思想总结为偏差越大，就越是激动人心。柯丁罕问："如果我们得到双倍偏移，那到底意味着什么？""那么，"戴逊回答说，"爱丁顿就会发疯，你只得孤身一人回去。"

事先就安排当场对底片进行测量，这倒不全是因为急不可待，而是担心回家途中发生什么意外，所以我们立即检查了一张成功的底片。天文测量中所得到的数值与理论预言的一样大，所以一张底片几乎就可决定问题的结果，尽管肯定还会通过其他的底片来加以证实。日食三天之后，计算最终完成，我知道爱因斯坦理论经受住了考验。科学思想的新观点取得了胜利。柯丁罕用不着孤身一人回家。[18]

1919年11月6日，皇家学会主席汤姆逊爵士（J. J. Thomson）主持了皇家学会和皇家天文学会联合会议，会上报告了这次考察的科学结果。这次会议引起了少有的关注，我清楚记得卢瑟福有一次回忆起这次会议受关注的情况。

1933年圣诞假期间，在三一大厅举行的餐会之后，我与卢瑟福、爱丁顿、帕特里克·杜瓦尔（Patrick Duvat，著名几何学家）以及阿莫斯爵士（Maurice Amos，20世纪20年代曾任埃及政府高级司法顾问）围坐在教员休息室的火炉旁交谈着。谈话中间，阿莫斯有一次转身朝向卢瑟福说：“我不明白为什么爱因斯坦会比你赢得更高的赞誉，毕竟是你发明了原子的核模型；并且这一模型给今天物理学的一切奠定了基础，它的应用甚至比牛顿的引力定律更普遍。还有，爱因斯坦的预言与牛顿理论的差别微乎其微，我不明白所有这些纷纷扬扬的小题大做到底是为什么。”听罢这席话，卢瑟福转向爱丁顿说：“你对爱因斯坦的名望负有责任。”他态度严肃地说：

> 战争已经结束，维多利亚和爱德华时代的自满已被粉碎。人们觉得一切价值和理想都迷失了方向。突然间，他们得知一位德国科学家提出的一个天文学预言被英国天文学家们证实，这些英国科学家特意去巴西和西非进行了考察，并且还在战争期间就对这次考察做了准备。天文学从来就吸引着大众的想象力；一项天文学发现，超越了世俗的冲突，拨响了人们敏感的心弦。在皇家学会的会议上报告这次英国考察队的结果，这在所有的英国报刊上都成了标题新闻，宣传的飓风跨过了大西洋。

从此以后，美国新闻界把爱因斯坦捧上了天。

结束这一节报告之际，我想引述琼斯向戴逊颁发皇家天文学会金质奖章时说过的一段话：

> 1918年，战争中最黑暗的日子里，格林尼治天文台和剑桥大学分别组织考察队；打算对1919年5月的日食进行观测，如果那个时刻到来之际文明状态允许的话。这是对爱因斯坦广义相对论的决定性考验。1918年11月签署停战协定后不久，考察队出发了，并且后来带回的结果彻底改变了天文学家关于引力本质的概念以及普通人关于自己生活在其中的宇宙的本质概念。如果这种成功的荣誉必须在戴逊爵士和爱丁顿教授之间分开的话，坦率地讲，我真不知道该以什么比例作出分配。依我之见，与其说是平分荣誉，不如将全部荣誉归于每个人，因为如果他们中的任何人没有发挥作用，或者是缺乏洞察力、热心，或者缺乏把握时机的本领，我怀疑这次考察还能否完成，最早通过观测确定时间和空间到底为何物这一伟大的荣誉，很可能落入他人之手。[19]

IX

我想对这件事作些补充。

戴逊和爱丁顿将他们考察结果的报告讲完后，汤姆逊从会议主持人角度作了如下评述：

> 事实上，牛顿在其《光学》中的第一个问题提出了这一点，根据他的假定本可以得出现有光弯曲数值的一个半值来。但是，这次测出的这个结果并不是孤立的，它是科学思想整体的一部分，影响着物理学最基本的概念……它是牛顿时代以来引力理论方面得到的最重要的结果，因而应当在和牛顿密切相关的皇家学会的会议上宣布，这样做是十分恰当的……
>
> 如果爱因斯坦的理论是对的，我们对引力就得采取一种全新的观点。如果能够证实爱因斯坦推理的正确性——它已经经受了与水星近日点和现在这次日食有关的两次严峻考验——那么他就是人类思想的一项最高成就。这一理论的弱点在于表述上的巨大困难。无论是谁，如果对不变量理论和变量微积分学缺乏透彻的了解，就不可能理解新的引力理论。[20]

正如汤姆逊提到的，广义相对论理解上的"困难"，当时并且以后很长一段时间一直也是公认的看法。确实，不久就有"世界上只有三个人懂广义相对论"的神话。事实上这一神话就产生于这同一次会议。

爱丁顿（在我前面提到的那次三一学院餐后谈话中）回忆起，就在皇家学会和皇家天文学会联合会议散会时，希尔伯斯坦（Ludwig Silberstein）走到他跟前说："爱丁顿教授，您一定是世界上三个懂广义相对论的人之一。"正当爱丁顿对这一说法犹豫不决时，希尔伯斯坦又说："不要谦虚，爱丁顿先生。"结果，爱丁顿回答说："正好相反，我在考虑第三个人会是谁。"

我想顺便说一下，人们极大地夸张了理解广义相对论的这种公认的困难，这促成几十年来这一学科的停滞。许多在 60 和 70 年代取得的进展，本可以在二三十年代就很容易地得到。

爱丁顿很喜欢重复戴逊对柯丁罕说的话："爱丁顿就会发疯，你只得孤身一人回去。"在 1932 年 1 月的一次皇家天文学会会议上，当佛伦里奇（Finlay Freundlich）报告说他的日食观测结果给出的光偏移值远远大于爱因斯坦预言值时[21]，爱丁顿重复了戴逊的话，气势咄咄逼人！但里克天文台在 1923 年 4 月的皇家天文学会会议上报告他们 1922 年观测得出一致的结果时，爱丁顿作了如下评论：

> 我想是《怪兽搜捕记》[1] 中的贝尔曼订下"事说三遍即为真"的规矩。现在恒星已经对三支独立的考察队重复三次，所以我确信结果是对的。[22]

最后，我想谈一个概率论问题，它在 30 年代末简直有些声名狼藉，最初就产生于格林尼治 – 剑桥考察队。问题本身以及爱丁顿解决问题的方式，显示出他对概率论的深刻理解。在星流研究中，爱丁顿必须对大量的不确定观测结果进行综合处理，他于是对概率论

---

1. *The Hunting of the Snark*，英国作家 Lewis Carroll 写的诗集。——译者注

产生了兴趣（见《观测的综合》）。

你们会记得，两支日食考察队分别由克罗梅林、戴维逊（他们去索布拉尔）以及柯丁罕、爱丁顿（他们去普林西比）负责，在考察队出发前的一次餐后谈话中，克罗梅林暗示可能会出现下述情况：

如果 C、C′、D、E 各自独立地在三次讲话中说一次真话，D 宣称 E 是一个说谎者，C′否定了 D 的话，C 又肯定了 C′的话，那么 E 讲真话的概率是多少？

爱丁顿在其《科学的新途径》。[23] 中叙述这一问题时，将 C、C′、D、E 换成了 A、B、C、D，并给出答案为 25 / 71。他后来说，"我轻而易举给出答案时，没有料想到我会收到那么多信件。"许多人，包括丁戈尔（Dingle）在内，都认为问题的阐述含糊，爱丁顿给出的答案决非最显而易见的。爱丁顿觉得，这个问题明确告诉我们（任何一个通情达理的人都会同意），它作了 2 条陈述：[24]

（1）D 作了一个判断，比如说，X；

（2）A 作的判断为"B 否认 C 反驳了 X"。

需要求得的就是 X 为真的概率。爱丁顿将他的解答解释如下：

我们不知道 B 和 C 作了任何相关的判断。比如说，如果 B 真实地否定 C 反驳了 X，我们也毫无理由认为 C 肯定 X。

我们可以找出与已知条件不一致的组合仅为：

（α）A 说真话，B 说假话，C 说真话，D 说真话，

（β）A 说真话，B 说假话，C 说假话，D 说假话。

因为如果 A 说假话，我们就不知道 B 说什么；如果 A 和 B 都说真话。就不知道 C 说什么。

既然（α）和（β）在 81 次机会中分别出现 2 次和 8 次，D 的 27 次真话和 54 次假话就减为 25 次和 46 次。所以，所求概率为 25 / 71。[25]

爱丁顿的答案无疑是对的，尽管仍然有人对他持有异议。

X

我现在谈谈爱丁顿对经典相对论的其他方面贡献。我认为爱丁顿对广义相对论最伟大的贡献，在于他在《相对论的数学理论》中对该课题令人惊奇的处理方法。我经常用到它。此外，在他的数学处理中还点缀着许多引人注目的格言。我最喜欢的一句是："空间不是大量密集在一起的点；而是大量互相联结在一起的距离。"[26]

下面这段话摘自他的"对手"琼斯对爱丁顿这本书所做的评论，它很好地概括了其显著特点：

我们处处都可以感受到辛勤刻苦的劳动和一丝不苟的审慎；一章一章地往下看，每次都觉得对问题的说明总是再好不过的。由于作者为之付出的心血，数学家读这书会

轻松而又愉快……

*　　本书的文体通篇清晰易懂，令人敬佩；它完全达到了我们期望的爱丁顿教授的高水平，这样的赞誉是再恰当不过的。*[27]

除此以外，我想简要介绍一下爱丁顿三项具体的研究，它们清楚表明他对经典相对论的领悟和理解。

首先，现代大多数相对论研究者都熟悉这样一个事实：在今天所称为事件视界（event horizon）的地方。史瓦西度规的表观奇异性乃是选择坐标系的结果，没有任何更进一步的意义。爱丁顿在1924年明确地给出一种变换——现在称作爱丁顿芬-克尔斯坦变换，阐明了这一事实。[28]然而，应当说爱丁顿是因为别的目的得到这一变换的，并且从当时的情况看不出他正忙于坐标奇异性的问题。

第二，爱因斯坦用辐射源的不定四极矩表示引力辐射发射率，目前对爱因斯坦的原始公式正确与否有争论，所以回顾一下历史是很有意思的。早在1922年，爱丁顿就对刚性自旋杆的引力能量发射率作了清晰完整的演算，并得出正确的结果，他还顺便发现爱因斯坦原始公式里错了一个因子2。[29]

第三，爱丁顿和克拉克在1938年发表的一篇研究报告中，独立于爱因斯坦、英费尔德（Infeld）及霍夫曼（Hoffman），研究了广义相对论中的N体问题，并求出了我们现在称作一阶后牛顿近似中的度规系数。[30] 然而，爱丁顿和克拉克既没有将问题转换为哈密尔顿形式，也没有得出与十个运动方程积分相类似的经典结果。他们主要关心质心的运动。给出他们所述问题的一般性解答，需要始终在一阶后牛顿近似内，得出处于匀速相对运动中的两个参照系之间的坐标变换，也即后伽利略变换。爱丁顿和克拉克没有得到这样的变换；但他们确实解决了他们想要解决的问题，即两质点相对运动中的一种限制性问题。

前面所举的例子，特别是最后一个例子说明，如有兴趣的话，爱丁顿能够解决经典相对论中很艰深、很复杂的问题。可他似乎兴趣不大。

XI

对于自己在经典相对论方面的贡献，爱丁顿最看重他对外尔理论的推广，该理论试图将引力理论与电磁学统一起来。1954年，有人在爱丁顿论文中发现了一份文件[31]，他在这里泛泛谈到他认为是自己主要科学成就的那些内容，其中突出提到推广了外尔的理论以及"与此相联系，他对引力定律的解释"，即 $G\mu\nu{=}\Lambda g\mu\nu$，其中 Λ 为宇宙常数。无论如何，他当时所形成的心态，在以后一些年中越发明确地成为他永恒的基石。因此，我打算简明扼要地阐述一下外尔理论及爱丁顿所作推广的本质。

在爱因斯坦系统表述他的广义相对论时，人们认为整个物理世界中只需它给出两种场的描述：引力场和电磁场。爱因斯坦已经说明如何将引力场并入时空结构，下一步很自然就是将电磁场也并入时空结构。显然，要完成这样的归并，必须适当推广黎曼几何，拓广爱因斯坦理论的几何基础。为了完成这种推广，外尔和爱丁顿考虑了沿着一个封闭的无穷小环路平移一个向量的最后效果。在黎曼几何中，向量描画出这样一个封闭环路后会改变其方向，但长度不变。外尔假定长度也会改变一个与其初始长度成比例的值；爱丁顿则（首先）假定长度的改变是任意的。

在外尔理论中，根据其基本假设，黎曼几何的克里斯托菲尔（Christoffel）联络 Γ_{ij}, k 变成

$$\Gamma^*_{ij,\,k} = \Gamma_{ij,\,k} + \frac{1}{2}\left(g_{ik}\varphi_j + g_{ik}\varphi_i - g_{ik}\varphi_k\right), \qquad (12)$$

其中，φ_i（$i=1,2,3,4$）是一些平滑函数。另外，在外尔理论中，我们要求所有的几何关系和物理定律不仅对任意坐标变换不变（如同在爱因斯坦理论中一样），而且对度规变换，即变换

$$\varphi_i \rightarrow \varphi_i - \frac{1}{\lambda}\frac{ax}{ax^i}, \qquad (13)$$

也应不变，其中 λ 为一任意函数。根据这些假设，外尔证明

$$F_{ik} = \frac{a\varphi_k}{ax^i} - \frac{a\varphi_i}{ax^k}, \qquad (14)$$

具有麦克斯韦张量的所有性质；他还通过这种方法成功达到引力与电磁学的统一。

　　对引力理论来说，外尔理论最重要的结果就是在没有电磁场的情况下，爱因斯坦方程（真空情况下）

$$G_{ij} = 0 \tag{15}$$

　　变成

$$G_{ij} = \Lambda g_{ij} \tag{16}$$

这里，Λ 是一个普适常数，g_{ij} 和 G_{ij} 分别是度规张量和爱因斯坦张量。方程（16）中的常数 Λ 就是爱因斯坦早在1917年就引入的宇宙常数，现在想起来，引入该常数的目的是为了使他的理论接受一种静止、均匀和各向同性的宇宙模型。

　　爱丁顿对外尔理论的推广相当于以下式代替方程（12）：

$$\Gamma_{ij,\ k} = \Gamma_{ij,\ k} + K_{ik,\ j} + K_{ik,\ i} - K_{ij,\ k}, \tag{17}$$

其中，Kik，j 是某个秩为3的协变张量（暂未详细说明）。另外，在没有电磁场的情况下，我们就会得到包含宇宙常数项的爱因斯坦方程。

　　根据以上方程，自然会得出宇宙常数项，这一事实使爱丁顿确信在爱因斯坦方程中包含该项的必要性；并且这一点成为他的观点的核心。正如他自己解释的：

在任意一点上沿任意方向的曲率半径都与处于同一点和取同一方向的特定物质单位的长度之比为一常数。[32]

或者反过来说，

特定物质结构的长度与它所处位置及所取方向的宇宙曲率半径之比为一常数。

爱丁顿通过各种不同的方式表达他的这一核心思想。因此他说：

我们知道，无论物质结构与它周围的真空达到平衡时所遵从的实际规律是什么，爱因斯坦引力定律是用物质测量工具来测量世界时，几乎不可避免的结果。[33]

还有，

电子不会知道它应该是多大，除非空间存在独立的长度以便电子能用来度量它自己。[34]

确实，爱丁顿认为回复到不带 Λ 项的爱因斯坦方程相当于回复到牛顿理论：

我认为回复到牛顿理论与去掉宇宙常数是一回事。[35]

他的这种绝对信念导致产生下面这类极端性的说法：

令 $\Lambda=0$ 就意味着退回到不完全相对论——这一步只能认为是退回到牛顿理论。[36]

……在我看来，宇宙常数的地位不可动摇；即使相对论名声扫地，宇宙常数将是最后坍塌的堡垒。去掉宇宙常数会动摇空间的根基。[37]

不过，并非只是爱丁顿持有这一观点。20世纪50年代末，有一次我曾询问勒迈特（Lemaitre）：以他所见，在我们的基本物理概念中广义相对论带来的最重要变化是什么。他毫不迟疑地回答是"宇宙常数的引入！"同样，爱因斯坦在1923年写给玻尔（Niels Bohr）的一封信中明确表示，"爱丁顿比外尔更接近真理。"[38] 确实，爱因斯坦提出的最后一种"统一场论"（薛定谔也独立地完成了该项工作），与爱丁顿对外尔理论的推广有很多共同之处。但外尔则有不同的看法，1953年他写道：

至于说爱丁顿本人对这一理论的创造性贡献，我认为主要包括两方面的内容。首先是他关于仿射场理论（affine field theory）的思想，其次是他后来力图用认识论原因解释那些似乎参与了宇宙构成的纯数……

他的第一项贡献显然已经取得了成果。当爱因斯坦为这种理论阐述其作用原理时采用了它（我错误地相信爱丁顿当时认为这一理论是不必要的）……可我也对爱因斯坦最近的统一场论相当怀疑。我坚信关于引力本质的最后定论还未做出，并且我觉得解决这一问题的方向与爱丁顿和爱因斯坦最后的思想颇不相同。最终解决这一问题还需等待一段相当长的时间。[39]

尽管爱丁顿态度很肯定，可宇宙常数后来的命运一直是盛衰多变。当人们发现弗里德曼宇宙模型为解释哈勃膨胀这一简单事实提供了令人满意的根据时，爱因斯坦和德西特在一篇合写的文章中表示，没有宇宙常数也可以。鉴于对"撤销" $\varLambda$ 有许多夸大其辞的说法，准确记录下他们当时说过的话很有意义：

> 从历史上看，在场方程中引入"宇宙常数"项 $\varLambda$ 是为了使我们能够从理论上解释静止宇宙中有限平均密度的存在。现在看来，不引入 $\varLambda$ 项也能达到同样的结果……
>
> ……然而，曲率（常数 $\varLambda$）必然是可以确定的，而且随着观测数据精度的提高，我们将会确定其符号及数值大小。[40]

爱丁顿曾写到爱因斯坦和德西特文章发表后不久他与爱因斯坦的会面，以及德西特给他的一封信。它们就这个问题从侧面作出了有趣的说明，并且对爱因斯坦撤回 $\varLambda$ 一事的极端性说法提出了疑问。

> 不久，爱因斯坦来我处探访，我在这件事上责备了他。他回答说："我自己认为这篇文章不是很重要，可德西特却认为很好。"爱因斯坦刚走，德西特就写信说要来访。他还说："你将会看到我和爱因斯坦的那篇文章。我认为结果价值不大，可爱因斯坦似乎认为它很重要。"[41]

那么目前在宇宙常数问题上有些什么看法呢？可以看出有两种流行的观点：一种是极端的观点（如 W. 泡利所表述的[42]），认为宇宙项"是多余的，没有根据的，应当抛弃"；另一种是温和的观点（如 W. 林德勒所说的[43]），认为宇宙项"属于场方程，如同一个附加常数属于不定积分一样。"温和观点是可取的，因为 Λ 项除了在宇宙学研究外并不重要，并且对于人们通常所考虑的那些宇宙模型来说，加上这一项几乎没有增加求解的复杂性。显然，不管怎么说，任何一个严肃的相对论学者都不会同意爱丁顿"令 $\Lambda=0$ 会动摇空间的根基"的观点。

XII

我想以一段趣闻愉快地结束关于爱丁顿工作的这部分介绍。

爱丁顿1924年访问了加州大学伯克利分校物理系。就在那一次，爱丁顿与一位名叫威廉斯（W. H. Williams）的教授共用一间办公室，两人每周去克莱蒙特俱乐部玩两次高尔夫球。在他离去的前一天晚上，教员俱乐部特地为爱丁顿安排了一次晚宴，威廉斯教授应邀发表讲话。正如威廉斯记述的那样：[44]

> ……我曾尽力设法保持严肃，可我还是转到打油诗上。你们知道，爱丁顿是一位《爱丽丝梦游仙境记》迷。这一点加上卡罗尔与爱因斯坦都共有的颠倒，以及我们对待高贵的高尔夫球运动不恭的态度，构成下面这首诗的主题。

爱因斯坦与爱丁顿

球场青青夕阳照，
月光悄悄爬树梢；
球童甜蜜入梦乡，
两个球手还在跑。
流连洞旁不罢手，
紧紧盯住十三篙。

丁顿爵士因斯坦，
你不罢手我追赶；
爱因斯坦98分，
丁顿几分优势占。
不意两人跌洞旁，
低咒几声接着干。

爱因斯坦把话发，
恁多沙子为的啥？
别处无坑此处有，
真是让人心发傻。
这儿如果平平坦，
高呼三声真伟大！

如有七位少年女，
把这球场扫干净，

那可别说我吹牛，

击他十七球准进。

丁顿爵士忙反击：

你的右曲特差劲。

高尔夫球都滚来，

你在哪儿我猜猜；

小球有的高又瘦，

还有一些胖又矮。

有的圆来有的光，

扁的占多真奇怪！

丁顿爵士找话说，

东扯西拉话题多。

时钟量杆立方体，

钟摆摆动为什么？

空间多远才弯曲，

时间之翅可商榷？

苹果落地为什么，

老师常把引力说；

爱因斯坦把手摆，

$G\mu\nu$ 才是正经果。

丁顿爵士想不通：

还请先生慢慢说。

引力肯定非拉力，
这点已经不稀奇；
空间几乎空如也，
只有时间无空隙。
丁顿原来要相信，
但是心底仍怀疑。

空间四维不能少，
三维之说不可靠；
斜边平方为几何，
传统说法颇堪笑。
平面几何遭折腾，
丁顿如何不悲号？

时间扭曲弯又翘，
光线也不走直道；
苦苦思索冥冥想，
彻然大悟开了窍。
明天你寄信一封，
今日我却早收到。

今日驱车廷巴图，
两倍光速令人舒；
下午四时启的程，
昨日已经返归途。

总算开窍懂了理，
爱因斯坦拇指竖。

水星绕日作公转，
日夜兼程不停站；
奇怪奇怪真奇怪，
想回起点成梦幻！
看来红尘应看破，
世间万事不用干。

过去事情还没完，
未来就已抢先占；
不论女王洋白菜，
都只让人心发寒。
校长还有系主任，
还有啥事值得干？

爱因斯坦又发话，
最短路线像个8；
弯来绕去却最短，
这事一想头发麻。
你想先到走得快，
然而欲速则不达。

复活节日是圣诞，

远近事情一般看；

二加二，大于四，

如此这般不用算。

丁顿爵士忙点头，

云里雾里团团转。

似懂非懂直点头，

谢你耐心说缘由；

我流眼泪你莫怪，

头痛如裂泪自流。

得到头清脑灵时，

接着话头说个够。

X Ⅲ

我前面主要讨论了爱丁顿20世纪20年代以前对天体物理学和经典相对论的贡献。1926年，爱丁顿的《恒星的内部结构》出版，那年他44岁。在以后的18年中，除了偶尔涉足早年感兴趣的领域外，爱丁顿专心致力于证明他所选择的宇宙模型的合理性，进而将这一模型作为他"统一量子论和相对论的基本理论"之基础。从实质意义来说，我不敢宣称自己理解了爱丁顿的基本理论。但按爱丁顿自己的话说，他的理论有两个基本前提。据我判断，这两个前提或者不能成立，或者未被接受。可首先，我得尽量客观地解释一下爱丁顿对所述问题在宇宙学方面的见解。

爱丁顿写作《相对论的数学理论》时，有两个宇宙模型[45] 都依赖于非零宇宙常数 Λ：静态的、处于流体静力平衡的爱因斯坦宇宙，和静态的却膨胀着的德西特宇宙。两种模型理论上都是可能的，并且满足均匀性和各向同性的假设。德西特宇宙在膨胀着，物体以随距离增大而不断增加的速度后退，但爱因斯坦宇宙不存在这样的膨胀。因为德西特宇宙得到他当时所能得到的一些非常贫乏的观测资料的支持，所以爱丁顿在《相对论的数学理论》中表示，他更赞成德西特宇宙作为天体宇宙的模型。

爱因斯坦宇宙和德西特宇宙都是静态的，其意思是指所有的度规系数都不依赖于时间。后来人们认识到，尽管德西特宇宙表现出膨胀，其静态特性源于它不包含任何质量密度。因此，爱因斯坦宇宙是当时唯一没有运动的宇宙模型，爱丁顿这样作了总结：

> 爱因斯坦宇宙包含了物质但不包含运动；德西特宇宙
> 包含了运动却不包含物质。[46]

然而，弗里德曼在1922年发表的论文中证明：爱因斯坦宇宙容许有一个均匀、各向同性的非静态宇宙模型。勒迈特1927年再次独立地发现了同样的结果，并详细讨论了其天文学影响。爱丁顿后来了解了勒迈特的文章，并在自己的著作中广为宣传。既然 Λ 为可正、可零和可负的参数，于是就可能有多种宇宙模型可供选择。这些模型现在依然是与天文观测进行比较的基础。但从一开始，爱丁顿的兴趣集中在可能模型的一些具体模型上。他喜欢的模型最初时为爱因斯坦宇宙，其质量（M）和半径（R_E）之间有如下关系：

$$\Lambda = \frac{1}{R_E}, \text{和} \frac{GM}{c^2} = \frac{1}{2}\pi R_E \tag{18}$$

后来由于不稳定性（这一事实已被勒迈特证明），宇宙开始膨胀。本来它也可能收缩；但爱丁顿等人证明最初的凝集更可能导致膨胀而不是收缩。

为什么爱丁顿选择这样一个特殊模型来描述天体宇宙呢？他这样解释：

> 我是一名搜索罪犯的侦探——这位罪犯就是宇宙常数。我知道他的存在，可不知道它的外观；比如我不知道他是矮个还是高个。[47]

爱丁顿力图弄清他那位"罪犯"的"外观"，采用的方法大致沿着以下思路。

对于运动在固定电荷电场中的电子来说，其狄拉克方程中与电子质量 m_e 有关的项为 $m_e c^2 / e^2$。爱丁顿断定这一项的出现是因为宇宙中所有其他粒子的存在。更准确地说，他认为这是同宇宙中其余电荷"交换能量"经适当平均后的结果；并且他确信，除了一个量级为1的可能因子外，这一项必然是 $\sqrt{N} / R_E$，其中 N 为宇宙中的粒子数，R_E 为初始静态爱因斯坦宇宙半径。他据此得到

$$\frac{\sqrt{N}}{R_E} = \frac{m_e c^2}{e^2} \tag{19}$$

可我们也有关系（见方程18）

$$\frac{GNm_p}{c^2} = \frac{1}{2}\pi R_E \qquad (20)$$

其中，m_p 表示质子质量。根据以上两个关系，我们得到

$$N = \frac{\pi^2}{4}\frac{e^4}{\left(Gm_pm_e\right)^2} = 1.28\times10^{79}$$

以及

$$1/\Lambda = R_E = \frac{1}{2}\pi\frac{e^4}{Gm_pm_e^2c^2} = 1.07\times10^9 \text{ 光年}。 \qquad (21)$$

爱丁顿认为这些值与观测结果很好地相符，因此他觉得他找到了"罪犯"。从此，他对自己那些观点的可靠性深信不疑。1943年他在都柏林高级研究所的一次演讲中，他说：

过去16年里，我从未对自己理论的正确性感到怀疑。[48]

现在应当提出这样的问题：爱丁顿宇宙模型目前地位如何？1944年以来我们认识方面的进展不容置疑地表明，爱丁顿宇宙模型不是一个正确的模型。证据主要来自宇宙3K黑体辐射的发现及氦具有原始起源这一事实。

宇宙中充满了一个均匀、各向同性的辐射场，该辐射场具有3K温度的普朗克分布。这一事实意味着，自宇宙辐射温度为4000K、物

质和辐射发生分离到现在，宇宙已膨胀大约1300倍。与此类似，由核聚变产生原始氦说明，宇宙曾处于密度数量级为1000 g / cm³、温度量级为10^9K这样的状态。反过来，这些要求又意味着那时宇宙半径必然要小10^9倍。宇宙半径这么大的变化与爱丁顿宇宙模型完全不相容。

1944年6月9日，仅仅爱丁顿去世前5个月，爱丁顿最后一次出现在皇家天文学会会议上，并提交了《星系的退行常数》的论文。这次爱丁顿表示，方程（21）给出的Λ"就是宇宙常数"，他还进一步指出：

> ……宇宙演化的时间尺度肯定比90×10^9年小，而且在我看来突破这一极限不太可能。[49]

提交这篇论文之后，爱丁顿与麦克维蒂（G. V. Mc Vittie）进行了如下对话：

> 麦克维蒂博士：你的理论似乎完全建立在从爱因斯坦宇宙开始膨胀的模型之上。我们知道，对螺旋星云分布的"深入"观测，为在不同宇宙模型之间做出鉴别提供了一个非常精密的检验标准。如果正巧观测结果没有选中你所用的特定模型，你的理论又将如何呢？
>
> 爱丁顿爵士：我认为，在很长一段时间内，我们得不到足够精确的资料来解决这一问题，所以我觉得没有必要考虑偶发事件！除了直接与观测结果比较以外，我们必须

努力寻找其他方法得出结论。[50]

　　爱丁顿所说的偶发事件终于发生了；麦克维蒂的问题仍有待解决。

X Ⅳ

　　我已经对爱丁顿将宇宙中的粒子数与原子常数联系起来的推理思路作了说明。为了进一步发展他的理论，他需要数出爱因斯坦初始静态宇宙有效相空间中体积为 h^3 的相格数目。在爱丁顿的心目中，要求的数目与依据泡利不相容原理推出简并电子气状态方程时所作的计数，如果不说完全相同的话，也是密切相关的。既然我与这件事有关联，我想谈谈爱丁顿就此问题对自己思想演化过程的详细描述，这段话引自 1936 年夏爱丁顿在哈佛大学艺术与科学三百周年大会上的报告。

　　　　……恒星内 1000 万度的高温，使得大多数卫星电子摆脱原子的束缚，原子剩余的部分只是一个很小的结构。原子或离子变小了许多，只有当密度增大 1000000 倍时，它们才会拥挤起来。因为这一原因，恒星密度大大增高时仍然保持着理想气体状态。太阳和其他高密度恒星仍然遵从理想气体的理论，这是很自然的，因为组成它们的物质是理想气体。

　　　　因此，没有任何因素能阻止恒星物质浓缩至极高的密度；这本身说明，对于称为白矮星的一类恒星，根据观测计算出来的密度，尽管高得令人难以置信，可也许完全是真实的。

在得出这个结论时，我并非没有疑惑。这些超密恒星最终会怎样，我对此深感不安。恒星似乎陷入进退两难的尴尬境地。最终恒星储存的亚原子能量会耗尽，而这时恒星就要冷却下来。这可能吗？要知道，只有极高温才可能出现惊人高的密度。如果恒星物质冷却下来，按道理它可能会恢复到地球的密度，但这意味着恒星体积必须膨胀到现在体积的5000倍那么大。膨胀需要能量克服引力做功；恒星似乎没有可用的能量储备。如果恒星继续丧失热量，而又没有足够的能量来使之冷却，那它到底该怎么办！

亚当斯教授及时地证实天狼星伴星具有很高的密度，但这个谜仍然存在。不久，福勒教授出来解围，他在一篇著名的论文中，应用了波动力学中刚得到的一个新成果。巧得很的是，就在天文学中发现超高密度物质时，数学物理学家们正完全独立地将注意力转向同样的课题。我猜测，1924年之前人们没有认真考虑超密物质问题；可正当它在天文学中出现时，它也同时出现在物理学中。福勒给出了证明，刚发现不久的费米-狄拉克统计法把恒星从我一直担心的不幸命运中解救出来。

物理学家们并不满足现状，他们着手对福勒公式加以改进。他们指出，就白矮星的条件而言，电子速度接近光速，福勒忽略了某些相对论效应。称作普通简并公式的福勒公式，逐渐被一个新的公式所取代，这个新的公式称为相对论简并公式。似乎一切都好，直到钱德拉塞卡的某些研究说明了这样一个事实：相对论简并公式将恒星带回到与福勒将它们解救出来之前完全相同的困境中去。小的恒星可以冷却下来，并以某种合理的方式结束一生，变成暗星。但超过某个临界质量（太阳质量的 2 倍或 3 倍）的恒星，永远也不会冷却下来，而必须不断辐射和收缩，最后上帝才知道它要变成什么。这并未让钱德拉塞卡担心；他好像喜欢恒星如此变化，他相信实际情况就是如此。可我早在 12 年前就对这种恒星小丑行为有同样的恶感；至少它的怪异足以引起我的怀疑：一定是所用的物理公式出了毛病。

我对相对论简并公式做了仔细检查，我发现：它是相对论和非相对量子论联合作用的结果。我不认为这样一种结合的后代会是合法婚生的。相对论简并公式——现在所用的公式——实际没有任何根据，正确运用相对论得出的公式应是普通公式——即大家已经抛弃的福勒原始公式。这一点或许令人相当意外。我发觉宣布这样的结果无异于捅马蜂窝，我对此毫不奇怪。物理学家们在我耳旁嗡嗡直叫，可我认为自己还未被咬伤。无论如何，就这次演讲的目的而言，我想我还没有失言。

我冒昧提到这项研究个人方面的情况，因为它表明科学的一些不同分支之间是如何密切结合在一起的。就我而言，当钱德拉塞卡的结论引起我对相对论简并公式的怀疑时，再为此花费时间做深入研究是困难的，因为我正致力于属于不同思想领域的一项长期研究。这项工作已经花了我 6 年的时间，正接近完成，只剩下一个问题就使之圆满结束，余下问题就是宇宙常数的精确理论计算。但这个问题完全把我难住了。不过我刚得到 4 个月的闲暇时间，我打算利用这段时间解决这个问题，或者说尽最大努力。可一旦开始考虑简并公式，我就难以自拔。这占去了我全部的时间。时间悄悄逝去，我把宇宙常数问题完全放下了。有一天，我试图根据各种观点检验我得出的简并结论时发现，在一种极限情况下，它变成一个宇宙学问题，这为我已搁置一旁的宇宙常数问题指出一个新的方法——采用这个新方法，宇宙常数问题没有太大困难就得以解决。我现在终于明白，用其他方法将很难解决；如果将4个月时间花在原已计划的直接进攻上，我不可能取得任何进展。

几天前。我在数学部宣读了一篇论文，其中给出了螺旋星云退行速度和宇宙粒子数目的计算。这篇论文源于天文学，可它并不是由于考虑螺旋星云提出来的。它产生于对天狼星伴星和其他白矮星的研究。[51]

让我解释一下争论要点是什么。福勒关于白矮星物质状态的讨论基于完全相同的简并电子气理论，该理论因索末菲的金属电子理论而广为人知。支配这样一种电子气的状态方程为

$$p = \frac{1}{20}\left(\frac{3}{\pi}\right)^{2/3}\frac{h^2}{m_e}n^{5/3} \qquad (22)$$

其中，p表示压强，n表示每cm^3的电子数目。可是，在白矮星中心处通常的密度条件下，处于费米阈值的电子具有接近光速的速度。如果按照当时即已普遍且至今仍在使用的方法考虑这种情况，人们就会发现，状态方程并不遵从方程（22）所给的形式，在电子浓度很高的极限情况下，状态方程趋向于

$$p = \frac{1}{8}\left(\frac{3}{\pi}\right)^{1/3} hcn^{4/3} \left(n \to \infty\right)$$ （23）

爱丁顿就是认为对状态方程的这一修正是"毫无根据的"。

　　非相对论形式的状态方程为（22），精确形式的状态方程在低密度极限情况下为（22），高密度极限下为（23），采用以上两种形式的方程会导致如下结果。

　　根据非相对论状态方程（22），处于平衡状态下的恒星，其半径与质量的立方根成反比。因此，对任意质量来说，有限平衡结构都是可能的。爱丁顿正是认为这一事实特别令人满意。然而，若采用高密度极限下精确形式的状态方程（23），人们发现，如果质量超过以下极限，任何平衡状态都不可能达到：

$$M_{\text{limit}} = 0.197\left(\frac{hc^{3/2}}{G}\right)\frac{1}{\left(\mu_e H\right)^2} = 5.76\mu_e^{-2} \odot$$ （24）

其中，μ_e 为电子的平均重量。人们得到完整的质量–半径关系[52]，如图4所示。

　　质量超过极限（24）时，根本不存在任何有限简并态恒星结构。爱丁顿正是认为这一事实是"恒星小丑行为"。如同他早先所说的那样：

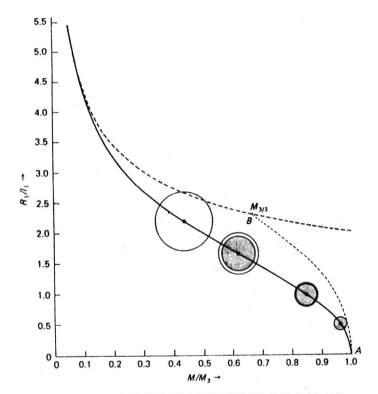

图4 实曲线表示完全简并结构的精确（质量-半径）关系。横坐标为质量，以极
限质量（用$M3$表示）为单位，纵坐标为半径，以$l1=7.72\,\mu^{-1}\times108\,cm$为单位。虚曲
线表示由状态方程（11）得出的关系；在这条曲线的B点，结构中心处电子的阈动量
$P0$正好与mec相等。精确曲线上画了一个整圆（未带阴影）的地方，$P0$（中心处）
再次与mec相等。其他圆圈的阴影部分代表了这些结构中电子可被认为是相对论性
电子（$P0>mec$）的那些区域

　　钱德拉塞卡利用5年前已被接受的相对论公式表明，
质量大于某一极限M的恒星仍然是理想气体，它不会冷却
下来。恒星不得不持续不断地辐射和收缩，直到最后，我
猜想，其半径变成几千米，此时引力足以抑制辐射，恒星
最终能够平静下来。

　　　　钱德拉塞卡博士以前就得到这一结果，可他在最近的
一篇文章中反复提到它；与他讨论这个问题时，我觉得没
法不得出结论：这一结果简直就是相对论简并公式的一种
归谬法。可能会出现各种偶然事件挽救恒星，可我更想得
到一种强有力的保护机制。我认为应该存在一条自然法则，
阻止恒星发生这种荒谬的行为！[53]

　　从这段叙述可以清楚看出，爱丁顿早在 1935 年就完全认识到，简
并结构质量如果存在上限，就必须考虑到导致形成我们所称黑洞的引
力坍缩之可能性，可他不愿接受他自己预见中已经得出的结论，却要
确信"应该存在一条自然法则阻止恒星发生这种荒谬的行为！"

　　此外，我们应该问一问，爱丁顿就这一问题做出的判决现在地位
如何呢？简单而又直接的回答是：它们未被接受。现在，极限质量的
存在已经与恒星演化和某些恒星高密度核心核燃烧的复杂设计、超新
星的引力坍缩、几乎具有相同质量的中子星及黑洞的形成一起，不可
避免地被编织进现代天文学织锦之中。但我们现在还不是时候，也没
有时间谈这些。即使是对最粗心的观测者来说，所有这些都是很容易
看出来的。至于我个人，我只想说自己很难理解，作为广义相对论最
早最忠实的支持者，爱丁顿为什么会觉得恒星演化的自然过程中会
形成黑洞这一结论是那样不可接受。好像一承认黑洞理论，他所建造
的宏伟理论大厦中的两个主要支柱就会坍塌。暂时抛开这一事实不谈，
从这所大厦本身我们能得到些什么呢？这里有两种看法。

　　　　爱丁顿的工作，如果正确的话，那是极端重要的，可

大多数试图了解其工作的人并没有同意他的结论。他的一些论文，在讨论的某一点上很清楚，接着在关键时刻它们又含糊起来，当推出一个重要结论以后重又清晰起来。所得的结论自然无法通过那些叙述明了的公理和假设合乎逻辑地推演出来。爱丁顿本人对此十分清楚。笔者有一次与他做了一次长时间的讨论后，仍未取得任何进展，于是爱丁顿说："尽管我无法给出证明。可我确信我的结论是正确的。"（A. H. Wilson）[54]

　　　爱丁顿的"统一理论"，除了它的含糊性外，它解释了太多的东西：事实上它对一切都作出了解释，到头来人们发现这种理论什么也没有解释。这种理论充其量只是未完成的工作，正如达·芬奇的科学研究一样，它所包含的洞察力的闪光，可能要等到其中的重要内容通过非常不同的途径和方法被充分发掘之后，才会为后代人所赏识。（J. G. Crowther）[55]

然而，几乎毫无疑问，即使爱丁顿的大厦部分地崩溃，可有些高高的石柱仍然耸立着。举一个例子就够了。在处理狄拉克方程时，爱丁顿改进一种 E 数演算，它本质上是包含16个元素的群代数，满足狄拉克矩阵的反变换规则。这一改进本身代表一项了不起的成就，它为现在重新唤起对克利福德代数的兴趣，产生了重要的影响。爱丁顿改进的基本元素如下。

爱丁顿一开始以下列表式定义了5个 E 数：

$$E_1 = \begin{vmatrix} i\sigma_1 & 0 \\ 0 & i\sigma_1 \end{vmatrix}, \quad E_2 = \begin{vmatrix} i\sigma_3 & 0 \\ 0 & i\sigma_3 \end{vmatrix}, \quad E_3 = \begin{vmatrix} 0 & -\sigma_2 \\ \sigma_2 & 0 \end{vmatrix}, \quad (25)$$

$$E_4 = \begin{vmatrix} i\sigma_2 & 0 \\ 0 & -i\sigma_2 \end{vmatrix} \text{和} E_5 = \begin{vmatrix} 0 & i\sigma_2 \\ i\sigma_2 & 0 \end{vmatrix},$$

其中，σ_1，σ_2 和 σ_3 为泡利 2×2 矩阵。这些 E 数满足交换律，

$$E_\mu E_\nu + E_\nu E_\mu = -2\delta_{\mu\nu} \ (\mu, \ \nu=1, \ \cdots, \ 5) \quad (26)$$

和

$$E_1 E_2 E_3 E_4 = iE_5 \quad (27)$$

爱丁顿代数的 16 个元素为：

$$i, \ E_\mu \text{和} E_\mu E_\nu \ (\mu, \ \nu=1, \ \cdots 5; \ \mu \neq \nu) \quad (28)$$

　　爱丁顿进一步将 E 代数的平方定义为 16 × 16 的复合短阵。这个"双 E 框架"与 9 维基本空间中三个克利福德代数之一相对应。由于近来关于超对称规范场的工作是基于 8 维和 9 维克利福德代数的，从这一点上说，爱丁顿远远地走在时代的前面。

　　爱丁顿认为找到等幂 E 数（即满足 $E^2=E$）的代数元素很重要。它们是量子电动力学中动量和自旋的投影算子。最后，E 代数在实数范围内是五维的，这一认识导致他（在粒子物理学中第一次）引入了"手征"（chirality）的概念，这起源于方程（27）右边选择 $+i$ 或 $-i$。还

应指出的是，爱丁顿最先认识到 4 × 4 实矩阵代数及其重要性。这一代数后来由马约拉纳发现；物理学文献中常常称之为"马约拉纳旋量"（Majorana spinors）。[56]

X V

我想简要回顾一下爱丁顿的著作，总结他关于科学研究态度的变化。如果我们将他的这些态度与他研究的方向做一对照，或许能够对其力量与弱点之根源有所了解。

1920年，在他对英国学术协会所做的关于"恒星的内部结构"演讲中（前面我已引述过），爱丁顿以相当的篇幅讨论了科学研究中思辨和理想化模型的作用。他是这样说的：

> ……什么是我们可以用来检验科学理论合理发展、抛弃无用思辨的试金石呢？我们都知道，一些理论被科学思想作为无用的思辨而本能地抛弃；但要指出它们的缺陷，或者提供一条能够判断我们自己什么时候犯错误的规则来，却非常困难。人们常常以为思辨与假说是一回事，但更多的时候它们是对立的。只有我们让自己的思想偏离古老但有时并不可靠的假说时，我们才被认为在进行思辨。假说限制思辨。而且，对思辨的怀疑可以弥补思维不严密这一缺陷——一些混乱的思想在我们心中抛了锚，会影响我们的视野；另一方面，思辨性太强的话，就没法让它们接受彻底的科学检查，驱除其中的邪魔。

如果我们不满足于经验事实的单调积累，如果我们想进行一些演绎或推广，如果我们要寻找理论来指导我们，一定程度的思辨就无法避免。有些人喜欢采取似乎非常直接的解释并立即将它作为一个假设，另一些人则设法探求出与事实不是完全矛盾的最广泛的可能性，并进行分类。两种选择都存在着危险：前一种选择也许太狭隘，将结果导入死胡同；后一种可能太广泛，作为一种指导思想没什么用，并与经验知识长期脱节。当后一种情况发生时，一定会得出这样的结论：知识还不适合于进行理论处理，思辨的时机还不成熟。思辨性理论和观测性研究可互相配合、互相促进的时候，正是可能性——或至少是概率——可通过实验缩小，理论能够指出检验方法的时候，这些检验可将遗留的错误路线一条一条地堵塞掉。

理论物理学家处境极其困难。他可以设计一个理想物质模型，该模型的行为具有特定的属性，数学上遵从严密的定律。他的工作到此为止是无懈可击的，与二项式定理相比，它并不更思辨：但当他断言他的玩意儿如何如何了不起，当他指出他的模型恰好反映了自然界的某种行为时，他就真正地陷入了思辨。客观实体果真像理想模型那样吗？会不会有另外的未知条件介入呢？他没有把握，但不能不进行对比；因为只有不断地观察自然才能帮助他选择目标。他经常会犯下的一个共同错误就是，使用那些更有经验的观测者对之摇头的数据资料作依据，其实它们太不可靠，不能作为广泛比较的依据。然而即使在这种情况下，理论仍然可以指出什么类型的数据特别重要，从而对观测给予帮助。

我认为研究若能得到正确观点的指导，那些空洞的思辨就可以避免。如果利用严格的数学得出理想模型的特性，所有基本的假设都被清晰地理解，这时就有可能说什么什么特性和定律精确地导出什么什么结果。如果存在某些未被考虑的其他因素，它们会在与自然的对比中暴露出来。如果模型未能与观测达成完全一致，没有必要对此失望；模型已经完成其使命，因为它暴露出客观现象的特点是什么，这些现象需要新的条件才能解释。与观测达到初步的一致是必要的，否则模型就毫无希望；并不是说在目前范围内它必然是错的，而是说它明显地将次要的特征突出来。如果我们一直是扯着死结的错误一端，死结就永远解不开，这时只有通过别的途径方能解开它。但当与观测之间大略一致后，死结开始松动，我们常常得为下一个困难做准备。我认为，自己的理论经受住一次更严格的观测检验后，应用数学家不应为此满足，而应感到失望——"又一次受挫！这次我本希望发现有不一致的地方，它能指出我的模型在什么地方还可以得到改进。"或许这是无法做到的理想化建议；但我承认我从未强烈感受过这种失望。

我们的自然模型不应像一座建筑——一座供大众欣赏的漂亮的建筑物，总有一天，抽去它的一块基石后，大厦会倒塌下来。它应该类似于一台部件可以移动的机器。我们不必固定每一杠杆的位置，它应该根据最新观测结果不断进行调整。理论家的目标就是要弄清由杠杆带动的轮系——也就是作为机器灵魂的各部件的联结系统。[57]

上面这段叙述。几乎任何严肃、老练的天体物理工作者都不会反对。爱丁顿以谦虚的评价结束了论"恒星能量的来源"的演讲：

> 我本想把话题一步一步地引向某个伟大的高潮，从而结束这些演讲。可是，或许与科学进步的真实情况更相符的，好的结尾倒是应该虎头蛇尾，其中还应闪耀新知识的曙光。我无意为结论的无说服力道歉，因为它不是结论。但愿我确信它还只是开始！[58]

这与我所了解的科学探索方法完全一致：但他两年后说的话反映出他的态度有了变化：

> 在科学中，我们有时对一个问题的解十分珍爱，它不能被证实，但我们却相信它一定正确；我们受到某种对事物合理性的先天意识的影响。"[59]

不久，爱丁顿对于他关于宇宙常数、宇宙模型、相对论简并、黑洞的形成以及"统一量子论和相对论"方法的观点，变得过于自信。从我以上对其著作和演讲的各种引述中，可以很清楚地看出这一点，将他1926年对他自己在恒星内部结构方面的工作所作的谦虚评价，与10年后他对我作的过于自信的评论相比较，爱丁顿态度上的这种急剧变化就显著地表现出来了。

> …… 你从恒星的观点来观察它；而我从自然的观点观察它。

很清楚，爱丁顿这时对自己的观点已经过分地自信了。

尽管爱丁顿表达了对其基本理论正确性的信心，可是，同时代人对他的工作的忽视，一定使他深深感到沮丧。在他1944年写给丁戈尔（Dingle）的一封哀怨的信中，表现出他的这种遭受挫折的心情

> 我一直试图弄清为什么人们觉得我的理论含糊不清。但我要指出，尽管爱因斯坦的理论被认为是含糊的，但是成百上千的人认为有必要把这种理论解释清楚。我不相信我的理论比狄拉克的理论更深奥晦涩。可对于爱因斯坦和狄拉克，人们却认为克服困难去弄懂这种深奥晦涩是值得的。我相信，当人们认识到必须理解我，并且"解释爱丁顿"成为时尚时，他们也会理解我的。[60]

以下这段话读过之后令人难以忘怀：

> 在他最后的日子里，由于长时间地想入非非，他脸色如死人般苍白，显得痛苦不堪。[61]

1920年，在英国学术协会演讲中，爱丁顿讲述了蒂达洛斯（Daedalus）和伊卡洛斯（Icarus）的故事，或许当时他已预见到他未来科学探索的方向：

> 古代有两位飞行员，他们给自己装上翅膀。蒂达洛斯在不太高的空中安全地飞越了大海，着陆的时候理所当然

地受到赞誉。年轻的伊卡洛斯迎着太阳高飞，最后捆绑翅膀的蜡熔化了，飞行也就因此彻底失败。在衡量他们的成就时，也许要为伊卡洛斯说几句话。第一流的权威们告诉我们说他仅仅是在"玩特技飞行表演"，可我更愿意这样看：是他明确地暴露出他所处时代的飞行器在结构上存在着缺陷。所以，在科学中，谨慎的蒂达洛斯也会将自己的理论应用到他确信非常安全的地方，可它们的潜在弱点不会被他的过分小心揭露出来。伊卡洛斯会将其理论拉至强度极限，直到脆弱的接合点裂开。仅仅是做一次壮观的特技表演吗？也许有几分道理；他也是一个普通的人嘛。但是，虽然他命中注定到不了太阳，无法彻底解开飞机的构造之谜，但我们可以指望从他的失败中得到一些启发，去建造一个更好的飞行器。[62]

因此，在今天，我们怀着极其崇敬的心情，纪念一位曾朝向太阳勇敢高飞的伟大灵魂。

注释

[1] *Astrophys.* J 101, 133（1945）.

[2] A. Wibert Douglas. *The Life of Arthur Stanley Eddington*（London: Thomas Nelson & Sons. 1957）. p.103.

[3] A. S. Eddington, Stars and Atoms（Oxford: Clarendon Press. 1927）. p.24; and J. G. Crowther, *British Scientists of the Twentieth Century chup.*4（London: Routledge & Kegan Paul, 1952）, p.177.

[4] A. S. Eddington, *New Pathways in Science*（Cambridge: Cambridge University Press, 1935）. p.207.

[5] *New Pathways in Science*, p.170.

[6] A. S. Eddington, *Science and the Unseen World*（London: Allen & Unwin. 1929）, p.33.

[7] *Science and the Unseen World*, pp.54−56.

[8] A. S. Eddington, "Forty Years of Astronomy." in *Backround to Modern Science*, ed. J. Needham and W. Pagel（Cambridge: Cambridge University Press. 1938）. pp 120−121.

[9] A. S. Eddington, *Internal Constitution of the Stars*（Cambridge: Cambridge Universisty Press）, pp.15−16, 245.

[10] *Observatory* 43. 353−355（1920）.

[11] *Nature.* 1 May 1926（supplement）, no 2948, P.30.

[12] *Astrophys* J. 101,134（1945）.

[13] *Observatory* 52. 349（1929）.

[14] *Observatory* 49. 250. 335（1926）.

[15] *Observatory* 40, 224–226（1917）.

[16] *Notes & Records Roy. Soc.* London 30, 249（1976）.

[17] A. S. Eddington, *Space Time and Gravitation*（Cambridge: Cambridge University Press, 1920）. pp.113–114.

[18] "Forty Years of Astronomy," pp.140–142.

[19] *Mon. Not. Roy. Astr Scc.* 85, 672（1924–25）.

[20] *Observatory* 42. 989–398（1919）.

[21] *Observatory* 55, 5（1932）.

[22] *Observatory* 46, 142（1923）.

[23] *New Pathways in Science*, p.121.

[24] *Math. Gazette* 19, 256–257（1935）.

[25] More generally, if A, B, C, and D speak the truth with probabilities a, b, c, and d, respectively, then the solution of the same problem, as L S. Left-which showed in considerable detail （Math. Gazette 20, 309–10 [1936]）, is:

$$\frac{d-acd(1-b)}{1-a(1-b)+a(1-b)\ (c-2cd+d)}$$

[26] A. S. Eddington, *Mathematical Theory of Relativity*（Cambridge: Cambridge University Press, 1923）, p.10.

[27]　*Observatory* 46 , 193（1923）

[28]　*Nature* 113. 192（1924）.

[29]　*Proe. Roy. Soc.*（Land）A 102 , 268（1922）.

[30]　*Proc. Roy. Soc*（Lond）A 166. 465（1938）.

[31]　*The Life of Arthur Stanley Eddington.* pp.189–192.

[32]　*Mathematical Theory of Relativity* , p.153.

[33]　Ibid,p.154.

[34]　Ibid,p.155

[35]　A. S. Eddington, *The Expanding Universe*（Cambridge:Cambridge University Press , 1933）. p.35.

[36]　*New Pathways in Science* , p.315.

[37]　*The Expanding Universe.* pp.147–148.

[38]　*Einstein* : *A Centenary Volume* , ed. A. P.French（Cambridge Mass : Harvard University Press , 1979）, p.274.

[39]　*The Life of Arthur Stanley Eddington.* p.57.

[40]　*Proc. Nat. Acad. Sci.* 18 , 213（1932）

[41]　" Forty Years of Astronomy. "p.128.

[42]　W. Pauli , *Theory of Relativity traps.* G Field（London: Pergamon

Press 1958), p.220

[43] W Rindler, *Essential Relativity* (Berlin:Springer-Verlagt, 1977).
p.226.

[44] *Records of R. A. S. Club* 1925–1953,ed G. J. Whitrow. pp.xxiv–xxvii

[45] I am excluding the nonstatic solutions discovered by Freidmann in
1922 since they came to be known generally only several years later.

[46] *Proc. Phys. Soc.* 44. 6 (1932)

[47] *The Expanding Universe.* p.87.

[48] *Dublin Inst. Adv. Studies* A 2, I (1943)

[49] *Observatory* 65. 211 (1944).

[50] Ibid. p.212.

[51] *Ann. Rep.Smithsonian Institution* (Washington, D. C : U. S.
Government Printing Office, 1938). pp.137–139.

[52] *Mon. Not. R. Astr. Soc.* 95,207 (1935).

[53] *Observatory* 58,37 (1935)

[54] *Cambridge Review* 66,171 (1945).

[55] *British Scientists*, p.195.

[56] I am greatly indebted to Dr. N. Salingaros for drawing my attention
to the significance and the importance of Eddington 's work on his

E-numbers.

[57]　*Observatory* 43, 356–357（1920）.

[58]　*Nature*, 1 May 1926（supplement）,no 2948, p.32.

[59]　A. S. Eddington, *The Nature of the Physical World Cambridge*:
　　　Cambridge University Press, 1928）, p.337.

[60]　*British Scientists*, p.194.

[61]　Ibid, p.143.

[62]　*Observatory* 43, 357–358（1920）.

爱丁顿的其他著作

Stellar Movements and the Structure of the Universe（London:
Macmillam & Co. 1914）.

Report on the Relativity Theory of Gravitation（London: Physical
Society, 1915）.

Relativity Theory of Protons and Electrons（Cambridge:Cambridge
University Press,1936）.

Fundamental Theory（Cambridge:Cambridge University
Press,1946）.

第7章
K. 史瓦西讲座
广义相对论的美学基础
（1986）

I

　　卡尔·史瓦西无疑是本世纪最杰出的物理学家之一。他的贡献之多令人惊讶：物理学、天文学、天体物理学的广阔领域到处都留下了他的足迹。

　　在物理学领域，从电动力学、几何光学到当时最新发展起来的玻尔和索末菲的原子理论等方面他均有贡献。在电动力学方面，他得出了洛伦兹电子方程变换的基础；在几何光学方面，他发展了光学仪器的象差理论（后来玻恩认为它有"空前的明晰性和严格性"），并表述为基本原理，这一原理成为施密特（Schmidt）望远镜光学的理论基础；在玻尔－索末菲理论方面，在他生前发表的最后一篇文章中，得出了双原子分子转动－振动光谱的斯塔克（Stark）效应和德朗德尔（Deslander）项（在这篇文章中，他第一个引入了作用量和角变量的概念）。

　　在天文学和天体物理学领域，史瓦西的贡献太多太广，这里我只能提及以他的名字命名的一些发现。照相光度学的史瓦西指数；辐射传递理论中的史瓦西－米尔恩积分方程；对流不稳定性开始的史瓦西判据；星球速度的史瓦西椭球分布；当然，还有描述质量呈球形分布的球外和静止黑洞外时空的爱因斯坦方程的史瓦西解。这些成果都是在短短的20年间取得的！

我的报告题目可能会使一些人感到困惑：它与这次系列讲座前面讲的有些不同，它不针对某一具体的课题；我担心它在天文学方面没有多大的意义。然而我的报告将从史瓦西发表的文章中探讨他对于科学问题的态度和研究方法；而且，还将直接谈到他的广义相对论方程的解。

II

这里，我将从史瓦西研究活动中举三个例子来说明他是如何研究科学问题的。

第一个例子是他关于星流（star-streaming）方面的研究。星流是卡普坦发现的。并立即由爱丁顿用他和卡普坦的二星流假说得到了恰当的解释。史瓦西对这个假说的看法是：

> 在二星流中星体固有运动的大小是相等的，还可以假定它们离开太阳的平均距离也相等。所以，二星流中的星体，他们在彼此相对运动的过程中，必定有共同的涨落，这种涨落是如何发生的，现在还搞不清楚。
>
> 所以，我相信爱丁顿自己做出的相同的观察资料，应该重新整理，以便得出一个关于星体运动更统一的假说。

以此为依据，史瓦西得出了恒星特有的速度的椭球分布公式。这个公式后来成为所有有关恒星运动和星系动力学理论的基础。然而，更使我注意的是他的这一观点：对自然的描述必须自然，不能是特设的。

第二个例子，我将从他更早发表的文章中选取。在1900年的一次学术会议上，史瓦西讲了这样一个问题：天文学的三维空间几何是否可能是非欧几里得几何。他说：

> 你一定知道，19世纪有人在欧几里得几何以外提出了非欧几里得几何，其主要实例就是所谓的球面和赝球面空间。我们如果知道在可能具有有限曲率半径的球面或赝球面几何中世界是什么样子，我们会感到惊异。如果有这种可能，你会感到自己处在几何学的仙境里；而且如此美妙的仙境会不会变为现实，我们也无法知道。

我们不能不对史瓦西的科学想象，以及他在广义相对论创立之前15年就论述这样的问题而感到惊奇，但对史瓦西来说，这是最简单不过的想象。他实际用他那个时代得到的天文数据估算了三维空间曲率半径的极限，并得出如果空间是双曲形的，其曲率半径不可能小于64光年；如果空间是球形的，其曲率半径至少为1600光年。

我们大可不必为史瓦西具体估算的数字而争论，这儿更有意义的是，史瓦西把他的想象力发挥得淋漓尽致，并使他进入了一个仙境般的世界！

第三个例子是史瓦西关于爱因斯坦真空方程解的发现，它是质量以中心球对称分布时的外部解。毫无疑问，这是广义相对论创立后的一个最重大的发现。

1916年1月13日，爱因斯坦把史瓦西导出真空方程解的论文递交给柏林科学院。仅仅在两个月以前，爱因斯坦才在一篇短的通讯中公布了他的广义相对论基本方程；而全面详细推导的论文，在6个月以后才发表（在这篇论文中，爱因斯坦从理论上推出了水星在近日点的进动速率和一束光掠过太阳边缘时偏折的大小）。1916年1月9日，在致史瓦西的信中，爱因斯坦写道：

> 我怀着极大的兴趣拜读了你的论文，我没有料到有人竟能用如此简洁的方法得出这个问题的精确解。你对这一问题的分析处理实在是妙极了！

在当时的环境下，史瓦西得出现在这一著名的解是非常了不起的。1915年春夏期间，史瓦西在德军东部前线服役，任很不起眼的技术参谋。在服役期间，史瓦西得了致命的天疱疮，并于1916年5月11日与世长辞。就在他生病期间，他写了两篇有关广义相对论的文章。第二篇中解决了均匀质量的平衡问题，并得出如果物体的半径小于9/8史瓦西半径，流体静平衡是不可能的。这一半径就是我上面提到的玻尔-索末菲理论中的基本量$2GM/c^2$。

关于史瓦西弥留之际的病情，爱丁顿在催人泪下的讣告中写道：

> 他的结局是悲惨的，他以极大的勇气和毅力长期忍受
> 着战场上患下的可怕的病痛带给他的折磨。

这里顺便插一句，理查德·柯朗（Richard Courant）在30年代末曾告诉我。在战争期间他作为参谋本部的成员正从东部前线随部队撤下来，正好遇到史瓦西正向东部前线行进，他感到奇怪，像史瓦西这样有名望的人竟然被派往在参谋本部看来十分危险的前线去。

还是回到史瓦西的论文以及他力图精确求解那个爱因斯坦问题的缘由上来。本来爱因斯坦以前已用近似方法得出了一个解，对此，史瓦西是这样认为的：

> 用一种简便的形式得出精确解总是一种满足。在现在
> 情况下，确立一个唯一的解并消除所有爱因斯坦关于处理
> 这问题方法的疑虑就更加重要了。因为，正如下面所显示
> 的，在这一问题上，确定一个近似过程的有效性是十分困
> 难的。

在早期爱因斯坦给史瓦西的信中，曾争论过这一问题，爱因斯坦认为，解这个方程近似方法的有效性是不用怀疑的。而史瓦西意识到，精确求解这一问题对新建的理论是很重要的，大胆去求精确解也是十分有意义的。我说"大胆"是因为精确解决这一问题颇费力气，因为人们很快就发现，爱因斯坦广义相对论中有关这个问题的困难，特别是它的精确解更令人棘手（几十年后，才发现它有害于理论）。

过一会儿我再谈这个精确解在理解广义相对论中扮演着什么样的角色。现在我必须转到我这个讲演的主要目的上去。

III

人们常常把广义相对论描绘成一个非常美的理论，甚至把它比喻为一件艺术品（例如玻恩和卢瑟福）。狄拉克（Dirac）毫不过分地说：

是什么使物理学家们这样乐于接受这一理论的呢？那就是它伟大的数学美，尽管它违背了简单性原则。（1939）

爱因斯坦的引力理论本身具有优美的特征。（1978）

以上这些评论和类似的一些对广义相对论的刻画引出了如下问题：

广义相对论的美学基础是什么？更重要的是，既然对美的敏感能导致对这一理论的表述和解有更深刻的理解，那么这种对美的敏感应达到什么样的程度？

回答这些问题，需要我们进行深入研究。首先必须意识到广义相对论现有的特殊地位，即在观察和实验中它被证实的情况；其次，尽管经验的支持尚不太充分。但对它却有一种令人鼓舞的自信，这是为什么？

在过去的20年时间里，许多值得称赞的努力花在证明相对论的预测，即证明牛顿理论和自然现象中出现的最小一级偏差上面，这些努力也是成功的。关于在不同引力位置上时间具有不同的变化率；关于光线经过引力场发生弯曲及随后的时间延迟；关于开普勒椭圆轨道的进动；还有，由于引力辐射的发散，双星的偏心圆轨道周期逐渐加长。广义相对论的所有这些预言都在观察和实验误差允许的范围内得到了证实，但与牛顿理论所预言的仅相差百万分之几，只不过是爱因斯坦场方程中的后牛顿展开中的三四个参量而已。但是，至今在强引力场范围内，广义相对论的预言还没有得到任何证实，似乎在可预见的将来一段时间内也没有。

　　一个理论把原先的理论扩大了，而且在原来范围里，它能如同牛顿理论那样有效。那么对于这一理论的证实是归因于与该理论主要方面有关的预言，还是归因于被替代理论与新理论有微小的一级偏离呢？对于这一点我们应不应该搞清楚？例如，难道狄拉克电子理论今日的地位仅在于它成功地解释了1916年帕邢关于电离氦线分裂引起的精细结构的测量结果吗？事实上，狄拉克这一令人鼓舞的理论真正证实，是根据该理论发现了宇宙射线簇中正负电子对。类似地，对于麦克斯韦电磁场方程，如果没有赫兹所做的电磁波的传播速度恰好就是光速的实验，没有庞加莱证明电磁场方程的不变性满足洛伦兹变换，我们会信赖它吗？同样，广义相对论的真正证实只有这一理论特征性预言得到验证，才会很快实现。黑洞作为巨星自然演化最终平衡态的出现，从任何真正的意义上看，不是广义相对论预言的证实。光线不能逃脱足够强的引力场的概念仅是一个推论，而不是基于理论的任何精确预言；它仅仅依赖于光线受到引力影响这一经验事实。另一方面，既然广义相对论对黑洞周围的时空进行了精确的描述。也仅当黑洞周围的时空度规得到验证，才能认为真正地"确立了"广义相对论。著名的克尔双参量解是天体宇宙中出现的静态黑洞的唯一解，但对克尔时空度规（或它的另一些方面）的验证，在近期内还不能期待得到。

也许，这里我得指出，如何才能最后验证一个旋转的克尔黑洞的周围时空。人们可以想象，克尔黑洞在赤道上有一个自由电子吸积盘，从中发射出来的偏振光在通过黑洞强大的引力场后，显示出极不均匀的分布，我们能把它描绘下来。慷慨的自然界会不会不吝啬地给出一个能描绘这一图景的清晰的例子呢？这恐怕是我唯一的一次谈及了天体观测。

IV

正如我所讲的，到目前为止，在观测中，有关广义相对论的精确特征还没有任何验证，在可以预料的将来一段时间里也不会有。那么，为什么我们对这一理论充满信心和信任它呢？有些人曾经说这起因于该"理论对自然描述的数学美"。这种回答是不够令人满意的，还应该说得更详细一些才好。

华兹华斯说：

> 值得永远信赖的思想，必需建立在坚实的自然根基上。

广义相对论没有坚实的根基，我们的信任建立在什么之上呢？我们的信任是建立在这个理论的内部自洽上，它与我们信赖的物理学要求一致；更重要的是，在构造这个理论时还没有考虑到的一些物理学领域，后来证实与它没有矛盾。我举一些例子来说明这点。

物理学定律的因果性要求，在给出全部类空间三个面的初始值后，在以指向未来的零射线（它们从空间部分的边界发出）为边界的时空区里，未来是唯一确定的。更正规地说，任何物理基本方程，都必须允许一个初始值的描述，这一初始值可唯一地确定以后依赖于初始值的那部分空间的全部情况。场方程也同样有这一性质，为了证实这一点的工作进行得不顺利，直到1944年利希勒诺维茨（Lichnetowilz）才对此做出了证明。

第二个例子，考察在物理学中处于中心地位的能量概念。在物理学中，人们习惯定义一个总体上守恒的局域能。事实上，一个孤立的运动物体将发射引力波，引力波具有能量，这就意味着，在广义相对论中我们不可能期望有一个能量的局域定义。但我们可以指望，如果时空是渐近平直的（从某种明确的意义上说），我们就能从总体上对整个空间（延伸至无穷）定义一个总能量。1962年，邦迪已表明，如果时空在零无限条件下接近平直（即当我们沿零射线走向无穷远），那么，我们就能定义一个质量函数——邦迪质量，它是时间的递减函数；进而，质量函数的递减率精确地等于能量以引力波的形式辐射到无穷远处的辐射率。但是直到最近几年才证明，邦迪质量总是正值，证明需要能量 – 动量张量 T_{ij} 满足某些"能量条件"。对理想流体，

$$T_{ij} = (\varepsilon + P)u_i u_j - P g_{ij}$$

这一条件等价于

$$\varepsilon \geq |P|$$

上述两例涉及广义相对论的深层结构，说明它内部的自洽性，这种自洽绝不是一目了然的和不证自明的。

广义相对论的一个更加显著的特征就是，只要不超越理论的适用范围，它并不违背物理学其他分支的定律，像热力学或量子力学（我过一会儿讲"广义相对论的适用范围"是什么意思）。

第一个例子考察由狄拉克方程描述的在克尔黑洞时空中的电子波行为。我们知道，从黑洞转动减慢的过程中，我们能得出它的转动能量。更确切地说，如果有一波，其时间 t 和方位角 φ 由下式决定：

$$e^{i(\sigma t + m\varphi)} \, (m = 0, \pm 1, \pm 2, \cdots)$$

频率 σ $(\sigma>0)$ 小于临界值 σ_s，

$$\sigma_s = -am / 2M_r + (m = 0, -1, -2, \cdots)$$

这里 a 和 M 是克尔参量，r_+ 是视界半径，这样就有超辐射现象（即入射波的反射系数将大于1）出现，这是霍金（Hawking）定理的必然结果。只要外部辐射源的能量－动量张量与能量正定特征相一致，一个外辐射源与黑洞的每一相互作用，总是导致视界表面积的增加。然而，通过理论的明确数学运算，人们发现，从克尔黑洞反射的狄拉克波，不会出现超辐射现象，显然与霍金定理相矛盾。但是，我们不久就了解到，狄拉克在量子理论中提出的波，其能量－动量张量不满足正能条件。如果按标准的运算可以预言超发光，我们就会得出广义相对论前提条件与量子理论前提条件相矛看，但这种矛盾并没有出现。

我的第二个例子是霍金在 1975 年证明的，如果根据量子理论把时空曲率看成是电子（或光子）的经典散射势，那么我们应该能从黑洞视界观察到在某一温度下呈费米（或普朗克）分布的电子（或光子）的发射，把这一由视界恒定表面引力所决定的温度和因发射粒子引起的能量减小率联系起来，在形式上得出了熵。当人们对此追根求源时，发现这个熵的概念和热力学统计物理学中熵的概念是完全一致的。热力学和统计物理学并没有期望从广义相对论中得出熵，然而，从这个理论得出的结果并不违背热力学和统计物理学定律。

进一步的证明显示了不仅广义相对论内部自洽，而且它和整个物理学原来适用的范围相一致，这些足以使人们对广义相对论坚信不移了。

V

广义相对论还有一个特征，这与它的美学基础有关。

每一个物理理论的有效性受到它内在条件的限制。例如，牛顿的引力理论就受到物体的速度和光速相比应是很小的限制；经典力学和经典电动力学也受到其相关的作用量要比普朗克的作用量子 h 大的限制。同样地，我们可以预料广义相对论要受到其时间和距离间隔必须大于普朗克尺度 $\left(\hbar G / c^5\right)^{1/2}$。（约为 5.4×10^{-44} 秒）和 $\left(\hbar G / c^3\right)^{1/2}$（约为 1.6×10^{-33} 厘米）的限制 $\left(\hbar = \dfrac{h}{2\pi}\right)$。

　　任何打破了旧理论的束缚并取而代之的新的物理理论，要特别重视新理论的精确描述是它得以验证的基础。在牛顿的引力场理论中，两体问题的解就是一个范例，它的精确解从定量上解释了开普勒定律。同样地，玻尔的单电子系统理论可以精确地推导巴尔末公式，同时从氢原子的巴尔末系和电离氦的皮克林系的偏离，精确地确定了电子和核的质量之比。

　　我们现在要问，广义相对论的新的基本特征是什么？在什么情况下能够清楚明了地揭示这些特征呢？

　　广义相对论的基本特征是将时间和空间揉为一体这一准确的想法。根据权威的流行说法，这一想法推广了隐含在狭义相对论中的思想。我们要问，是否有这种情形，即新理论中的概念是否已被纯理论证实了呢？时空提供了一个很好的说明。广义相对论极其漂亮地完全解决了黑洞周围的时空问题。黑洞周围的时空非常独特；它非常简单，并且只含两个参量：黑洞的质量和它的角动量。所有已知粒子在这种时空中的行为得到了精确的预言。至今为止，没有一个理论能够提出一个具有如此特征的问题，并能解决得如此简单。广义相对论的这一特征我认为是最优美的几个方面之一，并导致我想进一步探究这一理论的美学基础。

考查一个物理理论并阐明其美学需要的根源，无疑会遇到许多困难。像许多与美有关的讨论一样，它和个人的爱好和气质有关；要使这种讨论具有客观性是很困难的，如果不说不可能的话。但是，对我来说这个问题很有意义。作为一个与广义相对论打了20多年交道的，而且今后还得继续与它打交道的人来说，我可以问自己：这一理论的什么方面对我来说有美感？理论的美学成分是怎样影响并支配问题的叙述和解决的（这些问题使我们对广义相对论的物理和数学内容有更深的理解）。

我已提到黑洞理论。有一个很值得注意的事实：对孤立静止的黑洞，广义相对论得到的唯一解只有两个参量。我在别的场合曾说过：

> 黑洞是一些质量介于几个太阳到几百万个太阳质量之间的宏观物体。在这样的质量范围里，可以把它们看作是孤立的和静止的：它们中的每一个单独的黑洞也因此可以由克尔解精确描绘。这是唯一的一个我们可以精确地描绘一个宏观物体的例子。我们生活中所看到的受各种力支配的宏观物体，可用许多物理理论推出多种近似解。比较起来，黑洞构成的唯一要素就是时空的基本概念。这样，从定义上看，它是宇宙中最完美的宏观物体，既然广义相对论关于黑洞的解仅有两个参量，且解是唯一的，它理所当然是最简单的天体。

但这并不是全部。与所有先前预料的相反，与电磁场、重力场和狄拉克电子波的传播和散射有关的数学物理标准方程，似及粒子极化光子的测地线方程，所有这些方程都能够被分离和精确地解决。这些方程的分离，导致了人们对有一个多世纪历史的双变量偏微分方程能够分离和解决这一事实，进行了重新检查，一个有意义的数学理论因此而产生了。作为范例，我可以提及在克尔几何中电子的狄拉克旋量方程的分离。作为一个必然结果，它导致在狭义相对论中闵可夫斯基几何球坐标系的狄拉克旋量方程的分离。这种分离在以前被认为是不可能的。

VI

现在我要转向 一 个我自己想解决的最困难的问题，也就是我们如何感受广义相对论在数学方面的美，而这种美使得具有物理意义的问题得以阐述和解决。为了不落肤浅俗套，为了更加精确，恐怕我要用到比以前更多的专业术语。

相对论的数学理论主要有两大方面，它们是近些年来发展起来的，即黑洞的数学理论和撞击波（colliding waves）的数学理论。我们已清楚地知道：黑洞是天体演化最后阶段大质量的星体引力坍缩的结果。但是，关于广义相对论中波之间的撞击或散射，却需要加以解释。

在广义相对论中可以构造限制在两平行平面之间单位面积具有确定能量的平面引力波，因此，在极限情形下，我们能够建立一个用 δ 函数能线图表示的脉冲引力波。附带插一句，在电动力学中是不能建立这样的脉冲波的。能量的 δ 函数形式意味着场变量 δ 数有平方根的存在。δ 函数的平方根是无法用物理描述的。

1971 年克罕（Khan）和彭罗斯考虑两列平行极化的脉冲引力波的碰撞。他们证明，相互撞击的结果来自时空奇点的发展，但这种奇点不像我们已经熟悉的黑洞内部的奇点。这种现象并没有显示理论的任何线性化的形式，通过聚焦撞击波产生的时空奇点与波幅毫无关系。显然，根据上面所说，除了一个精确解之外，是无法揭示新现象的。不管怎样，这个例子中奇点的产生使彭罗斯认识到在广义相对论中，有一个新的领域需要开发。然而，在人们认识到黑洞的数学理论在结构上与撞击波的数学理论有紧密关系之前，这一新领域没有实质性的进展。令人惊奇的事实本身是：人们几乎不会想到处理两个完全不同领域的物理问题所用的数学理论是那么接近。的确，人们在黑洞的数学理论框架上发展起来的撞击波的数学理论中，发现理论出现了各种各样新的物理意义 —— 这种变化是完全不能料到的。

VII

要想描述上面我已提及的理论是怎样发展起来的，如果不熟悉广义相对论的语言那是不可能的，这正像我们不熟悉音乐符号就无法分析交响乐一样。

我们关心的是描述静止、轴对称的黑洞时空和描述平面波的碰撞和散射的时空。对于前者，度规系数与时间 t 和绕轴转动的方位角 φ 无关，它们只与剩下的两个空间坐标（径向坐标 r 和极向角 θ）有关；对于后者，度规系数与两个类空间坐标x^1和x^2（变化范围都从$+\infty$到$-\infty$）无关，它们只与时间t和剩下的空间坐标x^3有关，x^3垂直于（x^1, x^2）平面。

可以证明，适合于描述静止、轴对称的黑洞的度规可写成以下的形式：

$$ds^2 = \sqrt{(\Delta\delta)}\left[\chi^{(dt)^2} - \frac{1}{\chi}\left(d\varphi - \omega dt\right)^2\right] - e^{u_3+u_2}\sqrt{\Delta}\left[\frac{(d\eta)^2}{\Delta} + \frac{(d\mu)^2}{\delta}\right] \quad (1)$$

这里

$$\Delta = \eta^2 - 1, \, \delta = 1 - \mu^2 = \sin^2\theta\,(\mu = \cos\theta) \quad (2)$$

η是径向坐标（以适当的单位测量），χ、ω、和$\mu_2 + \mu_3$是要确定的度规函数。需要指出的是，ω与黑洞的角动量直接相关；对于静态的史瓦西黑洞，ω等于零。

在写出方程（1）的度规形式中，我们已经考虑到$\eta=1$处出现一个零表面，它最终和黑洞的视界相同。

广义相对论的中心问题是解出χ和ω。一旦解出χ和ω，剩下的度规函数$\mu_2 + \mu_3$则可用一个简单的面积分求出。

通过变换，我们可以得到度规（1）的一个"共轭度规"，

$$t \rightarrow +\mathrm{i}\phi \text{ 和 } \phi \rightarrow -\mathrm{i}t \qquad (3)$$

通过这种"共轭变换", χ 和 ω 可以用下面式子替代

$$\tilde{\chi} = \frac{\chi}{\chi^2 - \omega^2} \text{ 和 } \tilde{\omega} = \frac{\omega}{\chi^2 - \omega^2} \qquad (4)$$

为了解决这一物理问题,最关键的是一对函数 Ψ 和 Φ 取代 χ 和 ω,这里

$$\psi = \frac{\sqrt{\Delta\delta}}{\chi} \qquad (5)$$

φ 是 ω 的势函数,定义为

$$\Phi_{,\eta} = \frac{\delta}{\chi^2} \omega_{,\mu} \text{ 及 } \Phi_{,\mu} = -\frac{\Delta}{\chi^2} \omega_{,\eta} \qquad (6)$$

类似地可以根据 $\tilde{\chi}$ 和 $\tilde{\omega}$ 来定义 $\tilde{\Psi}$ 和 $\tilde{\Phi}$。

在黑洞的数学理论中,把函数 Ψ 和 Φ 以及 $\tilde{\Psi}$ 和 $\tilde{\Phi}$ 组合成一对复函数:

$$Z^+ = \Psi + \mathrm{i}\Phi, \tilde{Z}^+ = \tilde{\Psi} + \mathrm{i}\tilde{\Phi} \qquad (7)$$

并定义

$$E^+ = \frac{Z^+ - 1}{Z^+ + 1} ; \quad \tilde{E}^+ = \frac{\tilde{Z}^+ - 1}{\tilde{Z}^+ + 1} \qquad (8)$$

这两个函数满足恩斯特（Ernst）方程

$$
\left(1-|E|^2\right)\left\{\left[\left(1-\eta^2\right)E,_\eta\right],_\eta-\left[\left(1-\mu^2\right)E,_\mu\right],_\mu\right\}=
$$

$$
-2E^*\left[\left(1-\eta^2\right)\left(E,_\eta\right)^2-\left(1-\mu^2\right)\left(E,_\eta\right)^2\right] \tag{9}
$$

接下来我们看看适用于描述撞击波的时空。我们设想两列波前是平面的脉冲引力波，由 $+\infty$ 和 $-\infty$ 处相接近，并发生碰撞（一般说来，上述引力波伴随具有同样波前的引力冲击波和其他冲击波）。在碰撞前瞬间，相互逼近的波前之间的时空是平直的。我们原则上关心的是碰撞后的瞬间时空是如何变化的（尽管不可忽略它们满足相碰波前的边界条件）。

碰撞后的瞬间，时空度规可以写成：

$$
ds^2=-\sqrt{(\Delta\delta)}\left[\chi\left(dx^2\right)^2+\frac{1}{\chi}\left(dx^1-q_2dx^2\right)^2\right]+e^{\nu+u_3}\sqrt{\Delta}\left[\frac{(d\eta)^2}{\Delta}-\frac{(d\mu)^2}{\delta}\right] \tag{10}
$$

现在这里的

$$
\Delta=1-\eta^2, \delta=1-\mu^2 \tag{11}
$$

η 是碰撞瞬间的时间测度（用适当的单位），μ 是碰撞时刻与波前垂直的距离测度，χ、q_2 和 $\nu+\mu_3$ 是待定的度规函数。需要注意的是，q_2 直接与引力波极化平面的变化有关。当极化平面保持不变时 q_2 为零。

在写出方程（10）的度规形式中，凭经验我们已经考虑到这样一个事实，作为一个碰撞的结果，当 $\eta=1$ 且 $\mu=\pm 1$ 时，曲率或坐标奇点开始显示出来。

与静止、轴对称的时空情形相似，只要解出度规函数 χ 和 q_2，或解出 Ψ 和 Φ，我们就能够完全解出爱因斯坦场方程，其中 Ψ、Φ 与 χ、q_2 的关系为：

$$\Psi = \frac{\sqrt{(\Delta \delta)}}{\chi} \tag{12}$$

$$\Phi_{,\eta} = \frac{\delta}{\chi^2} q_{2,\mu} \quad \Phi_{,\mu} = \frac{\Delta}{\chi^2} q_{2,\eta} \tag{13}$$

在这种情形下，我们不需要考虑"共轭"过程，因为它对应于 χ^1 和 χ^2 的一个简单对换。

现在，我们将 χ 和 q_2 以及 Ψ 和 Φ 组合成一对复合函数

$$Z = \chi + \mathrm{i}q_2 \quad Z^+ = \Psi + \mathrm{i}\Phi \tag{14}$$

并定义

$$E = \frac{Z-1}{Z+1}, E^+ = \frac{Z^+ -1}{Z^+ +1} \tag{15}$$

我们发现 E 和 $E+$ 两者都满足同样的恩斯特方程（9）。

　　当我们考虑带电的黑洞或伴随有电磁波的引力波的碰撞时，我们必须把麦克斯韦方程组补充到爱因斯坦方程组中来。对于即将考虑的对称时空，麦克斯韦场可以用单一的复合势 H 来表示，有关这个问题的整个方程组最终可以约化为这样一对耦合方程：

$$H \text{和} Z^+ = \Psi + i\Phi + |H|^2 \tag{16}$$

这里 Ψ 由方程（5）和（12）定义，Φ 是 ω 或 q_2 的势函数，后者类似于方程（6）和（13）的定义，但在右边包括了附加项 H。

　　有两种情况可以把影响 Z^+ 和 H 的一对方程约化为一个恩斯特方程，即

$$\text{情形（i）：} H = Q\,(Z^+ + 1) \tag{17}$$

这是 Q 是某一实常数；还有

$$\text{情形（ii）：} Z^+ = 1,\ \Phi = 0 \text{和} \Psi = 1 - |H|^2 \tag{18}$$

在情形（i）中根据定义

$$E^+ = \frac{Z^+ - 1}{Z^+ + 1} \tag{19}$$

我们发现对于我们现在考虑的两类时空，E^+ 满足方程

$$\left(1-4Q^2-\left|E\right|^2\right)\left\{\left[\left(1-\eta^2\right)E_{,\eta}\right]_{,\eta}-\left[\left(1-\mu^2\right)E_{,\mu}\right]_{,\mu}\right\}=$$

$$-2E^*\left[\left(1-\eta^2\right)\left(E_{,\eta}\right)^2-\left(1-\mu^2\right)\left(E_{,\mu}\right)^2\right] \tag{20}$$

此外，可以证明，如果 E_{vac} 是恩斯特方程（9）在真空下的解，那么

$$E_{\text{Ei,Ma}} = E_{\text{vac}}\sqrt{1-4Q^2} \tag{21}$$

则是适合于爱因斯坦－麦克斯韦方程组的方程（20）的解。（需要注意的是：在静止、轴对称情况下，当带有"～"号的变量满足同样的恩斯特方程时，我们也要考虑"共轭"过程）。

在情形（ii）中，我们发现，在真空情况下，当 H 满足恩斯特方程（9）时，我们有

$$H = E_{\text{vac}} \qquad \Psi = 1-\left|E_{\text{vac}}\right|^2 \tag{22}$$

要想完全解决我们将考虑的各种问题，特别是撞击波的理论，常常需要相当详细精密的分析。我们不打算讲这样的分析；因为并不需要把整个理论的结构和相关性都陈列出来。

VIII

黑洞和撞击波的数学理论在结构上的相似性，起因于在两种情况下的爱因斯坦和爱因斯坦－麦克斯韦方程能够简化为同样的恩斯特方

程；我们将看到，它们甚至有相同的解。这种同一性，只要作特殊的坐标选择，即要保证黑洞的径向距离 $\eta=1$ 时出现视界，以及对相互撞击波的时间 $\eta=1$ 时能形成一个奇点，我们就能得到这种同一性。尽管存在这种同一性，但对这种物理情况的描绘仍是丰富多彩的，这是与恩斯特方程相同解有关的度规函数的不同组合而产生的结果。

　　我们将首先考虑从真空方程得到的解。恩斯特方程（9）的解可以描述形形色色的物理现象，它的解是最简单的，即，

$$E=p\eta+iq\mu \qquad\qquad (23)$$

这里 p 和 q 是两个实常数，它们满足条件

$$p^2+q^2=1 \qquad\qquad (24)$$

　　在黑洞理论中，$p\eta+iq\mu$ 是 $\tilde{E}+$ 的解。也就是共轭度规 $\tilde{\Psi}+i\tilde{\Phi}$ 的恩斯特方程的解，即克尔解。当 $p=1$，$q=0$ 时，它就约化为史瓦西解。史瓦西时空和克尔黑洞在教科书中已经有了充分的描述，并已广为知晓。我将仅仅讨论属予特殊代数类型的解，即彼德罗夫（Petrov）分类中的类型 D。属于这种类型的解具有许多特殊的性质，在克尔几何中所有数学物理标准方程的可分离性可归功于这些特殊的性质。

　　现在谈撞击波理论，其基本解是克罕和彭罗斯（1971）解，它描述了平行极化的两列纯脉冲引力波的碰撞。它得自于恩斯特方程关于 $\chi+iq_2$ 的解 $E=\eta$。由 $E=q\eta+ip\mu$，人们得到努特库-哈利尔（Nutku-Halil）

解（1977），它是描述非平行极化脉冲波碰撞这一更一般情况下的解。这样，克罕-彭罗斯和努特库-哈利尔解在撞击波理论中扮演了和黑洞理论中史瓦西和克尔解相同的角色。

一些度规函数 $\Psi+\mathrm{i}\Phi$ 的联立"也会导致同样的恩斯特方程，这引起我们讨论 E^+ 的解的 $p\eta+\mathrm{i}q\mu$ 兴趣。下面的解具有我们完全没有预料到的特征：当 $\eta=1$ 时，没有出现曲率奇点，却出现了视界，这和通常两列波相碰时类空曲率奇点规则相违背。因此，在这个例子中，我们必须把时空扩展到视界（$\eta=1$）以外。做了这样的扩展以后，我们发现扩展后的时空包含了一个域，这个域是落在后面的一个域的镜像；还包含一个未来的域，它含有双曲弧状的奇点。这使我们联想起克尔黑洞内部的环状奇点。值得注意的是，引力波碰撞引起的时空与爱丽思（Alice）在《镜里世界》[1] 的预言极为相似："房子里装满镜子的走廊很像一眼望不到边的走廊，只是在走廊外就有点不同。"

以上论述中，从 $E^+=p\eta+\mathrm{i}q\mu$ 得到的解；只适用于当 $q\neq0$ 的情况。当 $q=0$ 和 $p=1$ 时，在 $\eta=1$ 处产生一个类空曲率奇点，这时时空不能被扩展到将来。

最后，需要指出的是，从 $E^+=p\eta+\mathrm{i}q\mu$，得到的解属于类型 D，它具有所有属于这一类型时空的数学特征。

接下来看看爱因斯坦-麦克斯韦方程组，当我们考虑适合于

1.《镜里世界》（*Through the Looking Glass*）是英国作家卡洛尔（Lewis Carroll,1832 — 1898）的一本著作，书中的主角是小女孩爱丽思。—— 译者注

E^+（E^+与方程（21）相一致）的恩斯特方程（20）的解$E=p\eta+iq\mu$（$p^2+q^2=1-4Q^2$）时，我们得到适用于带电黑洞的解。当$q=0$时，我们得到赖斯纳－诺德斯特姆（Reissner-Nordstrom）解，当$q\neq0$时，我们得到克尔－纽曼解。

在得到撞击波的爱因斯坦－麦克斯韦方程的相应的"基本解"中，存在着概念性的困难。彭罗斯提出过这样一个问题：在外尔张量中，与δ函数奇点相关的引力脉冲波是否意味着在麦克斯韦张量中有一个相似的δ函数奇点？如果是这样，那么电磁场变量的表述中就会含有δ函数的平方根，"人们对怎样解释这样的函数将不知所措"。另外，在满足许多变化的零边界的边界条件问题上，存在着难以克服的困难。由于这些原因，想获得与精心描述初始条件相适应的解的所有努力均告失败。然而，当人们认识到克罕－彭罗斯和努特库－哈利尔解是由恩斯特方程对$\chi+iq_2$的最简单的解得到时，人们很自然会去寻找爱因斯坦－麦克斯韦方程的解。当麦克斯韦场去掉以后，这个解将约化为努特库哈利尔解。但问题并不那么顺当，因为在爱因斯坦－麦克斯韦方程的框架中，在度规函数χ和q_2的层次上，我们没有一个恩斯特方程。现在已成功地克服技术方面的问题，并能得到一个满足所有必需边界条件和物理要求的解。通过这种"倒转过来的过程"，我们能够获得一个物理上协调的解，这表明广义相对论具有坚实的美学基础。

既然我们有了一个适于$\Psi+i\Phi+|H|^2$的恩斯特方程，我们可以认为$E=p\eta+iq\mu$（$p^2+q^2=1-4Q^2$）是适于E^+的恩斯特方程（20）的解。当$Q=0$时，这个解就约化为我们先前讨论过的真空解，我们发现，像真空解一样，这个解会出现一个视界，和继之产生的类时奇点。

在第 VII 节讨论爱因斯坦-麦克斯韦方程时，我们区分了两种情形即情形（ i ）和情形（ ii ），它们是有根本的区别。当电磁场去掉以后，情形（ i ）中的时空就约化为爱因斯坦真空方程的特殊解；而在情形（ ii ）中，时空变得平坦起来。至今为止，我们所讨论的解都属于情形（ i ）。我们知道，在情形（ ii ）中，复合电磁势 H 满足真空的恩斯特方程（ 9 ）。因此我们自然要关心恩斯特方程最简单的解 $p\eta+iq\mu$ 的时空特征。对此所求得的解是很值得人们注意的（由贝尔和切克尔斯（ Bell and Szekeres ）用不同的方法得到）：用非零的外尔标量表明的引力，完全被约束在描述脉冲引力波的 δ 函数范围以内。换句话说，如果没有脉冲波的出现，时空是相当平坦的。这样，作为爱因斯坦-麦克斯韦方程的精确解，我们就可以得到一个相似的平坦时空，在这种时空里，伴随脉冲引力波与具有平面波前的电磁冲击波的相互撞击，并产生一个视界。贝尔-切克尔斯解的另一个特征是 $q=0$ 时，这个解完全等价于 $q\neq0$ 时的解。因此，为了在描述物理状况方面得到一个比贝尔-切克尔斯解更一般的解，我们应该考察恩斯特方程最简单的解的范围之外的情况。为此，我们利用埃勒斯（ Ehlers ）变换，可以从任何给定的恩斯特方程解中得到一个单参量的解系。因此，我们考虑解 $E=p\eta+iq\mu$ 的埃勒斯变换。我们发现，最后所得的解属于类型 D，并具有从解 $E=p\eta+iq\mu$ 得出的真空解的全部特征。特别值得注意的是，通过将埃勒斯变换应用到贝尔-切克尔斯解，我们将得到一个完全具有以上结构的单参量的时空簇。

在表 1 中，我们很全面地列出了由黑洞和撞击波方程得到的各种各样的解。从表中可以清楚地看出在结构上它们具有统一性。

黑洞理论和撞击波理论之间的内在关系，可以从较简单的情形（见表2），即当$\omega=0$和$q_2=0$时清楚地看出。在这种情形下，两种理论赖以求解的基本方程为：

$$\left[\left(1-\eta^2\right)\left(\ln\Psi\right)_{,\eta}\right]_{,\eta}-\left[\left(1-\mu^2\right)\left(\ln\Psi\right)_{,\mu}\right]_{,\mu}=0 \qquad (25)$$

这个方程可以精确求解，与两个理论相关的解列于表2。

以上讨论表明：爱因斯－坦麦克斯韦方程具有许多与爱因斯坦真空方程相同的显著特征。除麦克斯韦场外，只有一种源能够与引力耦合导致至少保留真空方程的某些特征，这种源是一种满足状态方程的理想流体，能量密度（ε）＝压强（p）。对这一理想流体，根据爱因斯坦方程，里奇（Ricci）张量由下式给出

$$R^{ij}=-4\varepsilon u^i u^j \qquad (26)$$

这里u^i代表流体的四元速度。

假设在撞击波相互作用范围内，撞击发生后的瞬间，我们可以得到一个具有$\varepsilon=p$的理想流体作为源，我们发现，在撞击瞬间之前，脉冲的引力波必然伴随具有以下动量张量的零尘（nulldust）：

$$T^{ij}=Ek^i k^j=-\frac{1}{2}R^{ij} \qquad (27)$$

这里E是某种正标量函数，k^i代表一个零矢量。换句话说，在这种假

想的情况下，在碰撞的一瞬间,零尘（即描述零轨迹无质量粒子）转变成一理想流体（它的流线沿着类时轨迹）。在碰撞的一瞬间，这种转变是令人惊奇的。但是，正像罗杰·彭罗斯和李·林德布卢姆（Lee Lindblom）指出的那样，上述转换在狭义相对论框架中也能发生，只是这一事实以前似乎并没有注意到。

通过与黑洞理论相比较来阐述撞击波理论时，我们事实上系统地考察了在各种情况下采用恩斯特方程最简单解的结果（在埃勒斯变换情况下）。虽然这种探讨方式完全是形式上的，但还是揭示了人们以任何方法都不能预见的一些可能性，比如：视界、类时奇点或从零尘到理想流体的转变等的出现。在这种情况下，从广义相对论美学基础的角度探讨，可以加深我们理解这一理论的物理意义的深度。

1915年11月爱因斯坦首次公布了他的场方程，在文章结尾处他说：

> 任何充分理解这个理论的人，都无法逃避它的魔力。

至少对于一个多年从事研究的科学家来说，这个理论的魔力就在于它的数学结构和谐一致、前后贯通。

附录

1916年6月29日，在柏林科学院的会议上，爱因斯坦做了一个纪念卡尔·史瓦西的简短致词，对他进行了比较恰当的评价。我想有必要将爱因斯坦的致词翻译在下面。

1916年5月11日，死神从我们队伍中夺去了卡尔·史瓦西，他仅仅活了42岁。这位具有极高天赋、学问渊博的科学家的夭折，不仅是我们科学院，而且也是天文学界和物理学界所有朋友们的悲痛和损失。

在史瓦西的理论工作中，特别使人感到惊讶的是他那么有把握地运用数学研究方法，轻捷地理解天文学或物理学问题实质的本领。很少人具有像他这样把正确的想法和思维的灵活性相结合的深刻的数学知识。正是有了这些才能，才使他在别的研究工作者被数学困难吓住了的那些领域中，完成重要的理论工作。显然，他的源源不断的创作动力，在更大的程度上可以认为是数学概念之间精美联系的那种艺术家的喜悦，而不是要去认识自然界中尚未发现的关系的渴望。因此，可以理解为什么他最初的理论工作属于天体力学，这个知识部门的基础比起其他任何精密科学部门的基础来，可以在更大程度上认为是已经完全建立起来的。在这些论文中，我在这里要提到的，只是关于三体问题周期解的论文，以及关于庞加莱的转动流体平衡理论的论文。

史瓦西最重要的天文学论文是他关于星体统计学的研究。星体统计学是一门试图按照那些包括我们的太阳在内的恒星亮度、速度和光谱类型的观测资料的统计规律，来确定这些巨大的天体构造的科学。在这个领域内，天文学界靠他来进一步深化和发展了对卡普坦新发现的了解。

史瓦西用他在理论物理学方面深刻的知识来构建关于太阳的理论。在这方面，他关于太阳大气的力学平衡和太阳光辐射的测定过程的研究，博得了科学家们的赞扬。在这里应该提到他关于光给小球体压力的优美论文，它使哈雷彗星尾部理论能够建立在牢固的基础上。尽管这项理论研究是用来解决天文学问题的，但它也表明，史瓦西感兴趣的范围也包括纯物理学问题。由于他对电动力学基础有价值的研究，我们应当给予他应有的赞扬。在他一生的最后一年中，他还对新的引力理论十分感兴趣，而且他首先在新引力理论中得到了精确的计算。在他一生的最后几个月里，病魔已经开始消耗他的体力，他还是成功地在量子论某些方面完成了意义深远的研究。

在史瓦西的伟大理论贡献中，还包括了他关于几何光学的研究，在这些研究中，他改进了对天文学十分重要的光学仪器的误差理论。仅仅这些使仪器得到改进的成果，就已经足以看出他对这门科学的巨大贡献了。

史瓦西的理论工作与他经常的天文学实践活动是紧密结合的。他自24岁以来，就一直未中断在天文台工作；1896 — 1899年任维恩的助手；1901 — 1909年任哥廷根大学天文台台长；1909年以后任波茨坦天体物理研究所所长。作为天文观测者和领导人的活动，在他一系列的研究中得到了反映。由于他精力充沛，他还在他的研究领域内制定了新的观测方法。在实验物理中，他借助于照相底片变黑的规律，用照相方法来达到测量光度的目的。为了纪念他，人们把这种测量方法以他的名字命名。他还天才地利用星体的焦外象来测量星体的亮度。由此，除了肉眼观测以外，只有借助他的这一思想，摄影光度学才得以建立。

自1912年以后，由于他在短短时间内取得的成就，这位谦虚的人成了柏林科学院院士。无可挽回的死亡带走了他，然而他的工作是卓有成效的，并给他贡献了毕生精力的科学带来了深远的影响。

表1

关键向量	场方程	恩斯特方程解			解	描述对象
		E	E⁺	Ē⁺		
$\partial_t, \partial_\phi$	爱因斯坦真空方程	不存在		η	史瓦西	黑洞；静态；球对称 视界 中心的类空奇点 类型D；矢量：质量
$\partial_t, \partial_\phi$	爱因斯坦真空方程	不存在		$\dfrac{p\eta+iq\mu}{p^2+q^2}=1$	克尔	视界和柯西视界；能层 赤道平面上的类时环状奇点 类型D；矢量：质量和角动量
$\partial_t, \partial_\phi$	爱因斯坦—麦克斯韦方程	不存在		$\eta\sqrt{(1-4Q^2)}$	赖斯纳—努德斯特姆	带电黑洞；静态；球对称 视界和柯西视界 中心的类空奇点 类型D；矢量：质量和电荷
$\partial_t, \partial_\phi$	爱因斯坦—麦克斯韦方程	不存在		$\dfrac{p\eta+iq\mu}{p^2+q^2}=1-4Q^2$	克尔—纽曼	带电黑洞；静态；轴对称 视界和柯西视界；能层 赤道平面上的类时环状奇点 类型D；矢量：质量、电荷和角动量
$\partial_x^1, \partial_x^2$	爱因斯坦真空方程	η		χ^1和χ^2互换	克—彭罗斯	脉冲引力波的碰撞 平行极化 出现类空曲率奇点
$\partial_x^1, \partial_x^2$	爱因斯坦真空方程	$\dfrac{p\eta+iq\mu}{p^2+q^2}=1$		χ^1和χ^2互换	努特库—哈利尔	脉冲引力波极化 非平行极化 出现类空曲率奇点（比克—彭罗斯弱）

续表1

关键向量	场方程	恩斯特方程解			解	描述对象
		E	E^+	$\bar{E}^+$		
∂_x^1, ∂_z^2	爱因斯坦—麦克斯韦方程	不存在	$E^+(E_{vac}=p\eta+iq\mu)\times\sqrt{(1-4Q^2)}$	χ^1 和 χ^2 互换	钱德拉塞卡—克桑普洛斯	伴随引力波和电磁冲击波的脉冲引力波的 非平行极化 出现类空曲率奇点
∂_x^1, ∂_z^2	爱因斯坦真空方程		η	χ^1 和 χ^2 互换	钱德拉塞卡—克桑普洛斯	伴随引力波的脉冲引力波的碰撞 平行极化 出现非常强的类空曲率奇点,表型 D
∂_x^1, ∂_z^2	爱因斯坦真空方程		$p\eta+iq\mu$ $p^2+q^2=1$	χ^1 和 χ^2 互换	钱德拉塞卡—克桑普洛斯	随引力冲击波的脉冲引力波的碰撞 非平行极化 出现一个视界和随后表时奇点,表型 D
∂_x^1, ∂_z^2	爱因斯坦—麦克斯韦方程	不存在	$\eta\sqrt{(1-4Q^2)}$	χ^1 和 χ^2 互换	钱德拉塞卡—克桑普洛斯	伴随引力波和电磁冲击波的碰撞 平行极化 出现一个视界和随后的三维表时奇点,表型 D
∂_x^1, ∂_z^2	爱因斯坦—麦克斯韦方程	不存在	$p\eta+iq\mu$ $p^2+q^2=\dfrac{1}{1-4Q^2}$	χ^1 和 χ^2 互换	钱德拉塞卡—克桑普洛斯	伴随引力波和电磁冲击波的碰撞 非平行极化 出现视界和随后弧状表时奇点,表型 D

续表2

关键向量	场方程	思斯特方程解			解	描述对象
		E	E⁺	E̊⁺		
∂_x^1, ∂_x^2	爱因斯坦—麦克斯韦方程 ($H=E_{vac}$)	不存在	η	χ^1 和 χ^2 互换	贝尔—切尔斯	伴随电磁冲击波的脉冲引力波的碰撞 平行极化 时空平坦 出现视界；允许没有随后奇点的延拓
∂_x^1, ∂_x^2	爱因斯坦—麦克斯韦方程 ($H=E_{vac}$)	不存在	$\dfrac{p\eta+iqu}{p^2+q^2=1}$	χ^1 和 χ^2 互换	贝尔—切尔斯	同上
∂_x^1, ∂_x^2	爱因斯坦—麦克斯韦方程 ($H=E_{vac}$)	不存在	$p\eta+iqu$ 的欧勒变换	χ^1 和 χ^2 互换	钱德拉塞卡—克索索普洛斯	随引力波和电磁冲击波的脉冲引力波的碰撞 出现视界和随后孤状奇点 类型D
∂_x^1, ∂_x^2	爱因斯坦—流体动力学方程 ($\varepsilon=p$)	$p\eta+iqu$		χ^1 和 χ^2 互换	钱德拉塞卡—克索索普洛斯	伴随有引力冲击波和尘埃 ($R_{ij}=Ck_ik_j$) 的脉冲引力波的碰撞 非平行极化 出现弱真空奇点 零尘转变成理想流体$\varepsilon=p$

表2

关键向量	场方程	解	评注
$\partial_t,\ \partial_\phi$	爱因斯坦真空方程	$\ln\widetilde{\Psi} = \ln\dfrac{\eta-1}{\eta+1}$	史瓦西解：静态球对称黑洞
$\partial_t,\ \partial_\phi$	爱因斯坦真空方程	$\ln\widetilde{\Psi} = \ln\dfrac{\eta-1}{\eta+1} + \sum_n A_n P_n(\mu)P_n(\eta)$	畸变黑洞（当 $\sum A_{2n+1}P_{2n+1}(1)=0$ 时）；外尔解
$\partial_x^1,\ \partial_x^2$	爱因斯坦真空方程	$\ln\chi = \ln\dfrac{1+\eta}{1-\eta}$	平行极化的脉冲波碰撞的克罕－彭罗斯解
$\partial_x^1,\ \partial_x^2$	爱因斯坦真空方程	$\ln\chi = \ln\dfrac{1+\eta}{1-\eta} + \sum_n A_n p_n(\mu)P_n(\eta)$	伴随引力冲击波的脉冲引力波的碰撞；平行极化
$\partial_x^1,\ \partial_x^2$	爱因斯坦－麦克斯韦方程 ($H=E_{\text{vac}}$)	$\dfrac{1}{2}\ln\dfrac{1+H}{1-H} = \dfrac{1}{2}\ln\dfrac{1+\eta}{1-\eta}$	平坦时空中伴随电磁波的脉冲引力波的碰撞；平行极化
$\partial_x^1,\ \partial_x^2$	爱因斯坦－麦克斯韦方程	$\dfrac{1}{2}\ln\dfrac{1+H}{1-H} = \dfrac{1}{2}\ln\dfrac{1+\eta}{1-\eta} + \sum_n A_n p_n(\mu)P_n(\eta)$	伴随有引力波和电磁冲击波的脉冲引力波的碰撞；平行极化

注：基本方程，$[(1-\eta^2)(\ln\Psi)_{,\eta}]_{,\eta} - [(1-\mu^2)(\ln\Psi)_{,\mu}]_{,\mu} = 0$

附录
寻求秩序——钱德拉塞卡
对黑洞、蓝天和科学创造
力的思考

John Tierney

　　钱德拉塞卡也不能肯定他自己下一步将做什么研究。他最近是在从事黑洞的研究，这项研究已进行了8年。在这期间，他的心脏病犯了，为此他做了体外循环的心脏手术。这年春天他完成了黑洞的研究，这时他已有71岁的高龄，几乎是这个领域里其他同行年龄的两倍。大多数科学家在这个年龄，要么退休，要么享受一些名誉头衔——在一些委员会里担任职务、在颁奖宴会上回忆往事、指导几个研究生、琢磨几个尚未解决的问题使自己得到愉悦，等等。但这对钱德拉塞卡来说，几乎是不可想象的。要他这样打发日子，无异于要他上班时不穿白衬衫、黑西服，不打黑领带。在近半个世纪里，他总是这样正儿八经地穿戴整齐地到芝加哥大学上班。

　　的确如此！每当他投入工作时，他就会坐在一张非常整齐、清洁的书桌前，寻觅数学的秩序；而且每天至少工作12小时，一周工作7天。如此勤奋工作约10年时间，当他得到了"某种见解"以后才罢休——也就是说，直到宇宙的某一个方面已经完全约化为一组方程时才罢休。然后，把他研究的结果写在一本书里，就不再注意这个研究课题，而去寻找天体物理学领域里另一个完全不同的课题，重新埋头研究下去。这种研究风格被人们称为"钱德拉风格"。这种风格简直让其他天文学家感到头晕眼花，无法理解。在天体物理学领域里，一般人认为40岁的理论家都已经远远超过了做出重要发现的黄金年龄，但年已63岁的钱德拉塞卡却会强迫自己放弃已经驾轻就熟的课题，重新开始分析当物质消失在一个黑洞里时，会发生什么现象！这真令人难以理解。

他最亲近的朋友，普林斯顿大学的天体物理学家史瓦西（M. Schwarzschild）说："他那种不怕困难的奋斗精神，是别人做不到的。钱德拉的专心致志的能力难以令人相信，这是一种真正的数学才智和惊人毅力的结合。在他所研究的任何一个领域里，他都得出了一些我们现在天天在应用的重要结果。"

钱德拉塞卡常常喜欢从哲理方面谈创造力和科学思想老化的问题，而且谈起来总是入木三分。但是，每当问及他的研究生涯何以能持续如此长久时，他往往不自在起来。但他承认，1935年1月11日在（英国）皇家天文学会会议上发生的事情，也许可以发现一些端倪。

那天是星期五，他怀着极大的期望，同时又夹杂着对爱丁顿爵士的某些疑虑，来到了伦敦。最近几个月里，他和爱丁顿大约每周两次晚饭后在一起，共同讨论钱德拉塞卡最近对正在衰亡的恒星行为所作的计算。他们俩是一对奇怪的组合：爱丁顿52岁，风度翩翩，说话很有吸引力，他被认为是世界上最优秀的天文学家；而钱德拉塞卡是一位腼腆的来自印度的24岁的青年，自认为有点像剑桥大学的流浪儿。钱德拉塞卡从事星体结构的研究只有几年时间，那还是起因于他在马德拉斯（Madras）大学的一次物理竞赛中获奖，奖品是爱丁顿写的一本关于星体结构的论著。现在，他相信自己有了一个重要而且惊人的发现，这个发现将在星期五的会议上向与会者宣布。

但是在星期四，当会议日程表送到剑桥时，钱德拉塞卡惊讶地发现，爱丁顿也将在会议上发言，讲的题目与他的一样！在他们多次讨论过程中，钱德拉塞卡总是滔滔不绝地讲出他的计算，而爱丁顿从来没有提到过他在这个领域的工作。这似乎是一种令人难以置信的不忠诚行为。星期四晚上，当他们两人在餐厅相遇时，爱丁顿仍然没有提出解释或道歉。他唯一的话是，他利用了他的影响，使钱德拉塞卡可以在会议上多讲一会，"这样，你就可以把你的研究结果彻底讲清楚。"这句关心的话钱德拉塞卡记得很清楚。钱德拉塞卡想问一问爱丁顿的论文，但由于他对爱丁顿非常尊敬，所以又不敢问，星期五在伦敦开会前吃茶点时，有一位天文学家问爱丁顿准备讲些什么，爱丁顿没有回答，只是转向钱德拉塞卡，微笑地说："那要使你大吃一惊呢。"

钱德拉塞卡的论文讨论了一个基本问题：一个星体如果烧尽了它全部的燃料之后，将会发生什么？按照当时流行的理论，冷却的星体将在自身的引力作用下，坍缩为一颗致密的星，这种星称为白矮星（white dwarf）。例如，一颗具有太阳质量的星，将坍缩成只有地球一样的大小，这时它就达到力的平衡，不再坍缩下去。钱德拉塞卡重新研究了这种坍缩，他考虑一个有趣的问题：当一颗星体的气体被压缩到其电子以接近光速运动时（这被称之为相对论性简并状态），会发生什么现象？他的研究结果表明，任何一颗质量大于太阳质量1.4倍的星体，它巨大的引力将继续起作用，使这颗星越过白矮星阶段继续坍缩。于是，这颗星的体积将继续越变越小、密度越来越大，直到……啊，那可是一个有趣的问题。钱德拉塞卡机灵地避不作答。

他的结论是："一颗质量大的星体不会停留在白矮星阶段，我们应该考虑其他的可能性。"

接着是爱丁顿发言。

"我不知道我是否能活着逃离这个会议，但我的论文的要点是：根本不存在什么相对论性简并。"爱丁顿说完这句话，就把钱德拉塞卡的论文撕成两半。听众中不时爆发出笑声，使爱丁顿的讲话不断地被打断。爱丁顿无法驳倒钱德拉塞卡的逻辑和计算，但他却宣称这个理论全盘皆错，原因很简单，因为它得出了一个不可避免和非常古怪的结论："星体将不断辐射，不断收缩。直到半径只剩下几公里，这时，引力将大到足够控制住辐射，使其不再辐射，于是这颗星体终于平静下来。"

当然啦，我们今天称这种客体为黑洞，但爱丁顿那天下午却声称它不可能存在。

"一种归谬法得出的结论，"爱丁顿说，"我相信，一定有一条自然法则阻止星体按这种荒谬的方法演化。"

争论到此，就被束之高阁了，至少在此后几十年没人再敢问津。当然，黑洞理论最终还是被人们承认了，钱德拉塞卡提出质量界线

（即星体质量为太阳质量的1.4倍）也被称之为"钱德拉塞卡极限"记入教科书中，但这一切在爱丁规讲话后很长一段时间才发生。

"会议结束后，"钱德拉塞卡回忆说，"每个人都走到我面前说，'太糟了，钱德拉，简直太糟了。'我原以为我将在会上宣布一个非常重大的发现，结果爱丁顿让我出足了洋相。我心情乱极了。我不知道我是否应该继续研究这个课题。那天我回到剑桥时，已是深夜一点多了。我走进一间同事们经常聚会的房间，这时当然不会有人还留在那里，但炉子里的火还燃烧着。我记得，我站在炉火前自言自语地重复着一句话：'世界就是这样结束的，不是伴着一声巨响，而是伴着一声呜咽。'"

今天，他对那天下午发生的事有了不同的看法。

与爱丁顿的争论还持续了几年时间，这使钱德拉塞卡失去了在英国取得一个有任期职位的任何机会。最后，他终于明白应该完全放弃这个研究课题（不过，这两位都十分出色的人终生都保持着友谊）。他相信自已的理论，但别人不相信。所以，在1937年他到了芝加哥大学以后不久，他把他的理论写进了一本书里，并不再去理会它。他改弦易辙，开始研究星体在星系中的几率分布，并发现了被称之为动力学摩擦的奇怪特性——即任何星体在穿越另外一个星系时，由于它四周星体的引力作用，它的速度将会降低。然后，他又转而考虑：天为什么是蓝色的？这个问题的简单答案是：大气的分子允许其他颜色的光通过，但将波长短的蓝色光散射开。这个结论在上一个世纪被英国的瑞利爵士发现，但瑞利本人及后来的物理学家们没有能够找到精确的数学方法，以计算光是如何被散射的。在本世纪40年代中期，钱德拉塞卡找到了这个精确的数学方法。对此，钱德拉塞卡十分满意，以至他决定此后将不断地更换研究领域。接下去他研究了许多课题：磁场中热流体的行为，旋转物体的稳定性，广义相对论，最后，他又回到了黑洞，但这次他从一种完全不同的角度研究它。他现在感到十分幸运，幸亏当年他被赶出原来研究的专业。

"假定当时爱丁顿同意自然界有黑洞，"说到这儿钱德拉塞卡停顿了一下，考虑如何把这个见解表达得尽可能准确。

"推测是非常困难的。如果爱丁顿当时承认了黑洞理论，他将会使这整个领域变成一个引人注目的研究领域，黑洞的许多性质将会提前20到30年被人们发现，不难想象，理论天文学将会大不相同。但这种判断不该由我来作 —— 喏，我想我可以说，这种结局对天文学是有益处的。"

"但我不认为对我个人有益。爱丁顿的赞美之词将使我那时在科学界的地位有根本的改变，我会在天文学界里大有名气。但我的确不知道，在那种诱惑的魔力面前我会怎么样。"

"有多少年轻人在功成名就之后，还能长久保持青春活力呢？即使是20年代里对量子力学做过伟大贡献的科学家 —— 我指的是狄拉克、海森伯、福勒 —— 他们也未能始终如一。即使是麦克斯韦和爱因斯坦，也同样未能始终如一。"

　　钱德拉塞卡急忙停住自已的话头，说他并不是要把自己与这些科学家相比，也并不是想批评他们。"你可别搞混了，我算老几，竟能批评爱因斯坦？"他认为，这个问题只是在抽象的意义上使他感到兴趣。贝多芬在47岁时对一位朋友说："现在我知道怎么作曲了。"这件事使钱德拉塞卡大为吃惊，留下了难忘的印象。钱德拉塞卡相信，决不会有一位年满47岁的科学家会宣称："现在我知道怎么做研究了。"

　　"当你讨论一位伟大的艺术家或作家的作品时，总会认定这些作品有一个从早期、中期到成熟期的发展过程。艺术家的本领越来越精，使他们最终能处理十分棘手的难题。要写出一部像《李尔王》这样的剧本，显然需要付出巨大的努力，要具备巨大的感情控制能力。如果与早期作品《罗密欧与朱丽叶》相比较，你就会发现其间的差别。"

　　"现在我们来看一看，为什么科学家不能使他们的思想越来越精呢？爱因斯坦是一位具有伟大科学头脑的科学家。他在1905年就发现了狭义相对论和一些其他重大理论。他以惊人的刻苦精神从事研究，1916年他又发现了广义相对论；到20年代早期，他还做出过一些重要的发现。但从此以后，他停步不前，孤立于科学进步之外，成为一个量子理论的批评家，再没有为科学和他本人增添什么光彩。爱因斯坦在40岁以后的研究工作中，没有任何迹象表明他的智慧和悟性比以前更强一些。这是为什么？"

　　"由于缺乏更合宜的词，我只能说，似乎是人们对大自然逐渐产生了一种傲慢的态度。这些人曾经具有伟大的洞察力，做出过意义重大的发现。此后，他们就相信，他们能在一个领域里取得如此辉煌的胜利，说明他们有一种看待科学的特殊方法，而且这种方法一定是正确的。但是，科学并不承认这种不切实际的想法。大自然曾一次又一次地表明，作为大自然基础的各种真理，比最聪明的科学家更加强大和有力。"

"以爱丁顿为例。他是一位伟人，他说一定有一条自然法则阻止星体变成一个黑洞。他怎么会说这样的话呢？仅仅是因为他认为那样不好吗？为什么他能认定，他有办法决定自然法则应该是怎样的呢？相似地，爱因斯坦因为不赞成量子理论说过一句人人都知道的话：'上帝不会掷骰子。'他怎么知道上帝不掷骰子呢？"

谈到瑞利爵士，钱德拉塞卡乐于承认他是一个例外。瑞利是19世纪的一位物理学家，他在50年的研究生涯中，在各种不同领域里都做出了富有创造性的贡献，而且在后期还做出了一些最著名的发现，例如发现了氩气。

"你一定听说过，当瑞利67岁时，他的儿子曾经问他对托马斯·赫胥黎说的一句名言有什么看法，赫胥黎说：'在科学界一个60岁的人的作为只会弊多利少。'瑞利想了很久，回答说，'啊，我想如果你只做你所理解的事，不和年轻人发生矛盾，就不致于一定会像赫胥黎说的那样。'我认为爱因斯坦、狄拉克或海森伯不会说出这种话来。爱丁顿肯定说不出这种话的。瑞利说的话中，含有某种谦虚的精神。有人曾经向丘吉尔说艾德里是一个谦虚的人，丘吉尔回答说'他还有许多方面需要谦虚'。丘吉尔的这句话完全可以用到科学界。能够做出真正伟大发现的人，一般都非常自信，敢于对大自然做出判断。

当然啦，瑞利不具有爱因斯坦或麦克斯韦那样的真正伟大的根本性的洞察力。但是，瑞利对科学的影响是巨大的，因为他对伟大的知识宝库增加了一些内容，不断地发现了许多虽不是蔚为壮观但却很重要的东西。我认为在理解大自然的过程中具有某种谦虚精神，是持续进行科学探索的先决条件。"

他一再声明，他只是从抽象的意义讨论这个问题，而不是说他自己。但他不可避免地会谈到他自己的研究生涯。每隔十年就投身于一个新的研究领域，可以保证研究者保持谦虚的精神。因为你无法与年轻人发生矛盾，他们在新领域里研究的时间比你还长。像瑞利一样，钱德拉塞卡使自己关心那些重要但并不壮观的工作，以严格的研究精神为知识宝库增添内容，而不是去设法推翻它。他不追求轰动效应，不追求独一无二的令人目眩的洞见，也不追求可以获得诺贝尔奖的革命性发现。他总是坚持对整个领域作长期和全面的分析，而不计较别人认为他的做法可能毫无价值。

例如，在20世纪60年代，钱德拉塞卡写过一本关于蜜柑状的几何图形（称为椭球）的书，这种工作在当时肯定不会给任何人带来名和利。在该书的引言中钱德拉塞卡写道，他写这本书的理由是，以前虽然对这项课题做过许多研究，但留下"许多空白和漏洞，还有一些明显可见的错误和谬见。如果对这种状态听之任之，不免令人感到遗憾。"他通过系统地分析作用在旋转椭球体上的诸力，例如使它聚在一起的引力、使它分裂的离心力等，终于将这个难题理出了一个头绪，他找到了使旋转椭球体开始变得不稳定的点。其他科学家认为，研究这些理想物体是浪费时间。研究宇宙中不存在的抽象东西有什么价值？但到20年以后的今天，这本书却得到了广泛的应用，这真是人们始料未及的。例如，现在已经知道许多真实的星系具有这些想象客体的性质，科学家们正在利用这本书的结论来了解，银河系在自旋时为什么能聚在一起而不散开。

"我想，我的动机与许多科学家的不一样，"钱德拉塞卡说，"沃森（James Watson）[1]说，当他还是年轻人时，就想到要解决一个问题，使他因此而获得诺贝尔奖。他努力向前干下去，后来发现了DNA。很明显，这种方法对沃森是很合适的，但我的动机不是为了解决一个单一的问题，我需要的是对整个领域有一种透视的看法。"

"8年前我开始研究黑洞，而且特别专注于研究一个旋转的黑洞对外来的（如引力波、电磁波）扰动如何反应。如果把这个问题弄清楚了，你就可以知道当一个诸如星体之类的物体落入黑洞时，会发生什么情况。你瞧，这项研究的某些成果已开始引起人们的注意了，但对我来说，最重要的是研究的最终观点。这就是我为什么写这本书的缘由，我把它看作是能够洞察未来的一个整体。很明显，在这个领域里还有许多工作让我干，但我不想干下去了。打个比方，如果你完成了一个雕塑作品，你一旦完成就不想再在这儿或那儿进一步修饰它。"

下一步做什么呢？对于一个年届71岁的人来说，这可是一个问题。主要的障碍是由他的研究风格决定的，这种风格需要他投入大量的时间和精力，意味着他将每天从早晨六点钟一直干到半夜。

---

1. 沃森于1962年获诺贝尔生理学和医学奖。——译者注

钱德拉塞卡的夫人叫拉莉莎（Lalitha），他们是在马德拉斯大学物理系读书时相识的，她说："他的确没有时间干别的事，例如旅游、会朋友。他对工作总是制定严格的纪律，干任何事都一定要干得干净利落、完全彻底。"谈到钱德拉塞卡的事业和她为之付出的牺牲，她毫无怨言。她经常孤独一人在家打发日子，她放弃了她的职业跟他来到美国，要隔很多年才有一次机会回印度与亲人团聚。她也认为，钱德拉塞卡现在应该有权力轻松一下，他的同事们也这么认为。

"钱德拉塞卡曾不得不付出巨大的代价，随着他逐渐变老，他所付出的代价也在逐步增加，"史瓦西说，"最近他写的一本书可说是一部力作，也是意志战胜年衰体弱的一个明证。我的确不知道他下一步还会干什么。他所有的贡献都来自于这种坚强的意志力，这使得他能够解决别人无法解决的问题。对钱德拉来说，如果在一件大家都能做的事情上泡蘑菇，那是与他性格不能相容的事情。"

钱德拉塞卡比较同意这种说法。他说："如果我不能全心投入一项研究项目，我宁可完全放弃这项研究。"如果只是为了美学上的理由，那么他的学术生涯以黑洞理论为开端，又以黑洞理论来结束，实在是颇能吸引人的。这个结局实在太妙了，特别是因为他认为这最后的一项研究是他所有研究工作中最困难的一项。但是，钱德拉塞卡还打算进入其他新的领域，这次也许是宇宙学。"我的生活习惯就是这样的，要改变终生形成的习惯可不那么容易。不过，我还没有拿定主意。"

虽然他不再认为自己是一个印度教徒，而认为自己可以划归为无神论者，但有时他也有点拿不定主意，是不是应该跟随印度教的传统：断绝一切世俗的联系，到森林里一个人去冥思苦想。当然啦，对他来说这就意味着完全放弃科学，最终地变换领域。

"我追求科学的方式给我带来不幸的事实是，它扭曲了我的个性。我不得不放弃生活中其他一些兴趣，例如文学、音乐、旅游等等。我把所有的时间都奉献给了科学事业。我想精读莎士比亚所有的剧本，一字也不漏，一行也不漏。但我总是没有时间去读。如果我能满足我的兴趣，我将成为另外的一个人，这点我十分清楚。我不知道，能不能用遗憾这个词表达我的这种感觉。但人迟早总会习惯这些损失，人总不会跟自己过不去，他总得跟自己妥协。要把事物整理得有条有理，那总是要花费一定的时间。"

（译自 *Science sept.* 1982, pp. 69 - 74）

译后记

杨建邺
1994 年 6 月 8 日于武汉
华中理工大学宁泊书斋

钱德拉塞卡教授是美籍印度天体物理学家，1983年诺贝尔物理学奖获得者，他获奖的原因是"因为对恒星结构和演化过程的研究，特别是因为对白矮星的结构和变化的精确预言"。钱德拉塞卡著作颇丰，除了我们译的这本书以外，还有许多专业性非常强的著作，如《恒星结构研究导论》（1939年）、《恒星动力学原理》（1942年）及《黑洞的数学理论》（1983年）等等。

我是学物理出身的，对钱德拉塞卡传奇般的经历早有所闻，但却从来没有读过他的著作。1989年7月24日，我忽然收到在美国纽约工作的大哥寄来的一包书，打开封皮，我一眼就盯上了钱德拉塞卡著的《真理与美》（*Truth and Beauty*）。按惯例，我翻开目录："科学家"、"科学的追求及其动机"、"莎士比亚、牛顿和贝多芬：不同的创造模式"，还有"广义相对论的美学基础"！我似乎觉得眼睛一亮，一个崭新的世界在我面前打开了。一篇一篇看下去，这种感受越来越强烈。正如作者在前言中所说，他思考的是一些我们大家应该思考但又"从未认真思考过的问题"；而且我还深深感到，钱德拉塞卡思考的这些问题对中国读者一定很有价值。于是我决心将这本书译出。开始我在《世界科学》上陆续译出了几篇，颇受编辑和读者的青睐，这更加深了我的信心：一定要把这本书奉献给中国读者。

但几经碰壁之后，我才知道目前在国内想出版一本这类高级科普读物，可以说非常困难。幸运的是湖南科学技术出版社决定将这本译著放到《第一推动丛书》里，这使我大为振奋。

出版社要求我与钱德拉塞卡教授取得联系，解决译文版权问题。这是很公正的要求，作为译者我也应该尊重钱德拉塞卡教授的知识产权和个人意愿。但我非常担心，钱德拉塞卡教授年事已高，今年84岁了，又是蜚声科学界的大人物，他会给我回信吗？但我别无选择。好不容易查到了他的地址，于是在今年3月底给他写出了第一封信，请他允许我将他的这本著作译成中文，并请求他将中译本的版权授予我们。出乎意料的是，不到一个月我就收到了钱德拉塞卡教授的回信，我真的感动极了。在回信中他写道："您想翻译我的书，我当然非常高兴；作为作者，我允许您进行翻译。"

我高兴极了，这不仅是因为我获得钱德拉塞卡教授的允许，可以翻译这本名著，还因为广大中国读者将有幸与这位诺贝尔奖得主一同去思考那些本应认真思考但从未认真思考过的一些重要问题。

闲话不多说了，但有两件事我还得向读者交待一下：一是我把原书名《真理与美》改为现在使用的书名，是为了让更多年轻读者愿意买这本书。我相信，现在使用的书名对广大读者一定更有吸引力；我还相信，我并没有因改了书名而背离了原作者的意图（本书在2016年改版时，编者经考虑将本书名改回了原书名《真理与美》——编者注。）。二是我在书末加了一个附录，这是为了让读者熟悉钱德拉塞卡教授年轻时一段传奇般的经历，了解了这段经历会使读者更深刻地领会作者的思路。

最后，在本译著出版之际，我应该首先感谢钱德拉塞卡教授允许我翻译他的这本书；其次，我应该感谢湖南科学技术出版社；再次，我还要感谢我的大哥杨建军，是他把原著买下并邮寄给我。当然，我还应该感谢我的几位研究生，正是他们的帮助使本译著能按时完稿。盐城师专物理系的王晓明讲师翻译第3、7两章，深圳长城公司的张家干翻译第6章，人民教育出版社的周国强编辑翻译第5章，其他3章和前言、附录都是由我翻译的。全书的审校、统稿工作也是由我完成的。李元杰教授对第7章作了认真的审阅，这将保证译文的科学性，我应向他表示感谢。

作者的原著肯定是一本难得的好书，但不知我们的译文能不能对得起钱德拉塞卡教授的一番深情厚意。读者的批评，将会受到译者由衷的欢迎。

图书在版编目（CIP）数据

真理与美 /（美）S. 钱德拉塞卡著；杨建邺，王晓明译 . — 长沙：湖南科学技术出版社，2018.1
（2023.2 重印）
（第一推动丛书 . 综合系列）
ISBN 978-7-5357-9441-3
Ⅰ . ①真… Ⅱ . ① S… ②杨… ③王… Ⅲ . ①物理学—普及读物 Ⅳ . ① O4-49
中国版本图书馆 CIP 数据核字（2017）第 210779 号

Turth and Beauty
Copyright © 1987 by The University of Chicago
All Rights Reserved
本书根据美国芝加哥大学 1990 年版本译出。

湖南科学技术出版社通过大苹果文化艺术有限公司获得本书中文简体版中国大陆独家出版发行权
著作权合同登记号 18-2015-123

ZHENLI YU MEI
真理与美

著者
[美] S. 钱德拉塞卡
译者
杨建邺 王晓明
出版人
潘晓山
责任编辑
李永平 吴炜 戴涛 杨波
装帧设计
邵年 李叶 李星霖 赵宛青
出版发行
湖南科学技术出版社
社址
长沙市芙蓉中路二段416号
泊富国际金融中心
http://www.hnstp.com
湖南科学技术出版社
天猫旗舰店网址
http://hnkjcbs.tmall.com
邮购联系
本社直销科 0731-84375808

印刷
长沙市宏发印刷有限公司
厂址
长沙市开福区捞刀河大星村343号
邮编
410153
版次
2018 年 1 月第 1 版
印次
2023 年 2 月第 7 次印刷
开本
880mm×1230mm 1/32
印张
8.5
字数
180 千字
书号
ISBN 978-7-5357-9441-3
定价
39.00 元